KB003232

재미있는 화학

브라소프 트리포노프 지음
편집부 옮김

전파과학사

Лев Григорьевич Власов
Дмитрий Николаевич Трифонов

ЗАНИМАТЕЛЬНО О ХИМИИ

Издание второе
переработанное и дополненное

Издательсво ЦК ВЛКСМ
«Молодая гвардия» 1968

차례

4

1. 큰 집에 사는 사람들

주기율표의 관찰

사물을 그냥 힐끗 쳐다보기만 해서는 별로 얻는 것이 없다. 대개는 보는 사람을 무관심하게 만들거나 그저 놀라게 할 뿐이다. 또 때로는 (코미디 프로그램상에서) 생전 처음으로 동물원에서 기린이라는 동물을 구경한 사람들처럼 "저런 저런, 정말로 희한한 짐승이로구나" 하고 놀라기도 한다. 그러나 사물이나 현상에 대한 예비지식을 갖고 있다면, 즉 전체적인 상황을 미리 파악해 둔다면 도움이 될 때가 많다.

그렇다고 해서, 여기서 멘델레예프(D. I. Mendeleev, 1834~1907)의 주기율표(周期律表)를 사물이나 현상이라고 하자는 것은 결코 아니다. 이것은 자연의 가장 위대한 법칙 중의 하나—원소의 주기율—의 내용을 비춰 볼 수 있는 독특한 거울이다. 주기율표는 지구에 존재하거나 인간이 인공적으로 만들어 낸, 100여 가지에 이르는 원소의 행동을 규제하고 있는 법전(法典)인 것이다. 화학원소가 '살고 있는' 거대한 집을 지배하고 있는 질서와도 같은 것이다.

주기율표를 잠깐 훑어보기만 해도 여러 가지의 것을 이해할 수가 있다. 아마 처음에는 무척 놀라워 할 것이다. 마치 표준 블록 구조의 건물 사이에서 뜻밖에 파격적이면서도 우아한 건물을 보았을 때처럼 말이다.

주기율표의 그 무엇이 우리를 그토록 놀라게 할까? 우선 첫째로 그 주기, 즉 건물에 비유한다면 각 층이 불규칙하게 제멋대로 설계되어 있는 점이다.

1층, 즉 주기율표의 제1주기에는 단지 2개의 방이 있을 따름이다. 2층과 3층에는 8개씩 방이 있다. 4층과 5층은 호텔식으로 꾸며져서, 각 층에 18개씩의 방이 있다. 6층과 7층의 방 수는 더 많아서 32개씩이다. 여러분은 이런 야릇한 건물을 본 적이 있는가?

그런데 바로 이런 형태로 화학원소의 거대한 집—주기율표—이 우리 앞에 서 있다.

이것은 주책없는 건축가의 변덕 때문일까? 천만의 말씀! 어떤 건물이든 건물은 반드시 물리학의 법칙에 따라서 세워져 있다. 그렇지 않으면, 조금만 바람이 불어도 그 건물은 허물어지고 만다.

주기율표의 건축학상의 구상도 역시 물리학의 법칙에 의해 뒷받침되고 있다. 물리학의 법칙에 따르면, 주기율표의 각 주기에는 어떤 일정한 수의 원소가 포함되어 있어야 한다. 이를테면 제1주기에는 2개뿐, 그 이상도 이하도 아니다.

물리학자는 이렇게 생각했고, 화학자도 여기에 전적으로 동의하고 있다.

그러나 그렇지 않았던 시대도 있었다. 물리학자로부터는 아예 아무런 의견도 나오지 않았고, 주기율표도 그들을 흥분시킬 정도의 것은 못 되었다. 한편 거의 해마다 새로운 원소를 발견하고 있었던 화학자들은 이 신참내기 원소들을 어디에다 살게 할 것인지 하는 것 때문에 속 썩고 있었다. 이럴 때는 주기율표의 단 한 개의 방에 대한 권리를 둘러싸고, 한 무리의 원소가 서로 다투어야 하는 유쾌하지 못한 사태가 일어나곤 했다.

화학자들 사이에는 회의론자가 나타났고 그것도 적잖은 수에 달했다. 그들은 매우 진지하게 멘델레예프의 주기율표는 모래 위에 세워진 누각이라고 주장했다. 이를테면 독일의 화학자 분

젠(R. W. Bunsen, 1811~1899)이 그러했다. 그는 친구인 키르히호프(G. R. Kirchhoff, 1824~1887)와 더불어 분광분석법(分光分析法)을 고안한 사람이다. 그런데도 주기율표에 대해서는 놀라우리만큼 학문적인 근시안을 드러냈다. "이런 정도의 것이라면, 주식시장의 상장 일람표에 나오는 숫자에서도 법칙성을 찾을 수가 있겠다" 하고 비꼴 정도였다.

멘델레예프 이전에도 그 당시 이미 발견되어 있던 60종의 화학원소에 어떤 질서를 부여하려는 시도가 몇 차례나 있었다. 그러나 하나도 성공하지 못했다. 가장 사실에 가까웠다고 할 만한 것은 영국의 뉴랜즈(J. A. R. Newlands, 1838~1898)의 시도라 하겠다. 그는 '옥타브의 법칙'을 발표했다. 음악에서는 음부(音符)가 여덟 번째마다 처음부터 다시 반복되듯이, 뉴랜즈의 법칙에서도 원소를 원자량의 순서로 배열하면 그 성질이 여덟 번째마다 처음의 성질을 닮는다는 것이다. 그러나 뉴랜즈의 발견에 대한 반응은 냉담했다. "당신은 원소를 알파벳순으로 배열해 보았소? 그럴 경우에도 아마 어떤 법칙이 인정되었을 거요!"

처음에는 멘델레예프의 주기율표도 불운을 겪어야만 했다. 주기율표의 '건축양식'은 맹렬한 공격을 받았다. 그것은 아직도 많은 것들을 알지 못하고 있는데도 성급하게 설명부터 먼저 요구하고 있었기 때문이다. 새로운 원소를 발견하는 일이 그 원소를 위한 합법적인 주기를 주기율표 속에 찾아 주는 일보다 훨씬 더 수월한 일이었다.

1층만 잘 해결되고 있는 것처럼 생각되었다. 집을 빌리겠다는 사람이 예상조차 못할 만큼 쇄도하는 위험이 전혀 없었기 때문이다. 지금도 1층에는 수소(H)와 헬륨(He)이 살고 있다. 수소원자의 핵전하는 플러스 1이고, 헬륨은 플러스 2이다. 이 2개의 원소 사이에 다른 원소는 존재하지도 않고, 또 존재할 수도 없다. 자연계에는 전하가 정수가 아닌 우수리로서 나타내어질 만한 원자핵은 알려져 있지 않다.

화학자가 천문학자로부터 당한 낭패

"나는 여태까지 주기율표가 꼭 수소에서부터 시작되어야만 한다고는 단 한 번도 생각해 본 적이 없다."

이것은 과연 누가 한 말이었을까? 아마 새로이 독자적인 주기율표를 만들려고 한 사람, 즉 다른 양식으로 원소의 집을 뜯어고치려 했던 수많은 연구자이거나, 아니면 단순한 화학 애호가 중의 누군가가 한 말이었을 것이라고 생각할 것이다. 사실인즉 생각할 수 있는 한의 '주기'표가 쏟아져 나왔고, 그 수는 저 악명 높은 영구기관의 설계안보다도 더 많았을 정도였다.

그러나 놀랍게도 이 말은 바로 멘델레예프 자신이 한 말이다. 수만 명의 숱한 사람들이 학습한 유명한 교과서 『화학의 기초』에 나와 있는 말이다.

주기율표의 창시자가 왜 이런 오류를 범했을까?

멘델레예프의 시대에는 이와 같은 착각도 근거가 있었다. 그것은 원소가 원자량이 증가하는 순서로 배열되어 있었기 때문이다. 수소의 원자량은 1.008이고 헬륨의 원자량은 4.003이다. 그렇다고 한다면 원자량이 1.5, 2 또는 3으로 되는 원소가 있어도 되지 않겠는가. 또 수소보다 가벼운 원소, 원자량이 1보다 작은 원소는 생각할 수 없을까? 하고.

멘델레예프를 비롯한 많은 화학자들이 이 같은 생각을 전적으로 인정하고 있었다. 그리고 이것을 지지한 쪽은 천문학자들 —화학과는 거리가 먼 과학의 대표자들—이었다. 사실 그들도 본의는 아니었으나 지지했다. 천문학자들은 새로운 원소를 발견할 수 있는 방법은 지구의 광물을 분석하고 있는 실험실만이 아니라는 것을 제시했던 것이다.

1868년, 영국의 로키어(L. N. Lockyer, 1836~1920)와 프랑스의 잔센(P. J. C. Ianssen, 1824~1907)은 개기 일식을 관측하고 있었다. 그들은 코로나의 눈부신 빛을 분광기의 프리즘에다 통과시켰다. 그러자 복잡한 스펙트럼선 속에, 지구상에 알려져 있는 어떤 원소에도 속하지 않는 스펙트럼선이 관찰되었다. 이리하여 그리스어로 '태양의 것'을 의미하는 '헬륨'이 발견되었다. 그리고 그로부터 불과 27년 사이에 영국의 물리학자이자 화학자인 램지(S. W. Ramsay, 1852~1916)가 지구상에서 그 헬륨을 발견한 것이다.

이 사건은 강력한 전염력을 발휘했고, 천문학자들은 다투어 그들의 망원경을 멀리 있는 별과 성운(星雲)을 향해 맞추었다.

발견한 결과는 천문연감(天文年鑑)에 자세히 발표되고, 그 일부는 '끝없이 펼쳐지는 우주에서 발견된 새로운 원소'라는 선전문으로 화학잡지에도 실렸다. 이들 원소에는 코로늄, 네보륨, 알코늄, 프로토프톨 등 그럴듯한 이름들이 붙여졌으나, 화학자들은 이들 원소에 대해서는 그 이름 말고는 아무것도 아는 것이 없었다. 그러나 헬륨으로 말미암은 멋진 결말에 구미가 당겨져 있었으므로, 우주의 미지의 원소들을 서둘러 주기율표에다 끼워 넣으려고 했다. 수소 바로 앞이나 수소와 헬륨 사이에다. 그러면 제2, 제3의 램지가 나타나서 언젠가는 코로늄이나 그것에 못지않게 신비에 싸인 다른 원소가 지구상에 존재한다는 것을 증명해 줄 것이라고 기대하면서.

그런데 물리학자가 주기율표에 손을 대게 되자 이들의 꿈은 무산되고 말았다. 원자량은 주기율의 발판으로 삼기에는 의지할 것이 못 된다는 것을 알게 된 것이다. 그 대신 핵의 전하,

즉 원자번호가 등장했다. 주기율표 속에 배열되어 있는 원소의 차례로, 핵의 전하가 1개씩 증가해 나간다는 것을 알게 된 것이다.

시간이 지나갈수록 더욱 정밀해진 천문계기가 수수께끼의 네브륨 등이 관여한다는 조작된 이야기를 뒤엎어 버렸다. 그것들은 전부터 알려져 있던 원소의 원자였는데, 다만 전자의 일부를 상실하여 이상한 스펙트럼을 내고 있었던 것이다. 이리하여 떠들썩했던 우주의 미지 원소들의 '명함'이 가짜라는 것이 밝혀졌다.

어정쩡한 원소

화학 수업 시간에 이런 이야기를 들은 적이 있었을 것이다.

선생님 "수소는 주기율표의 어느 족(族)에 들어갈까?"

학생 "제I족입니다. 수소원자는 단 1개의 전자껍질에 전자 1개만을 가졌을 뿐이기 때문입니다. 제I족인 다른 원소, 알칼리금속의 리튬(Li), 나트륨(Na), 칼륨(K), 루비듐(Rb), 세슘(Cs), 프랑슘(Fr)도 수소와 마찬가지로 바깥쪽 전자껍질에 전자를 하나만 가지고 있습니다. 화합물이 된 수소는 1가(價)의 플러스 원자가를 나타내는데, 이 점도 제I족의 다른 원소와 같습니다. 또 수소는 몇 개의 금속을 그 염(鹽)으로부터 몰아낼 수가 있습니다."

이 대답은 옳은 답일까? 사실 절반은 옳다.

　화학이라는 것은 정밀과학이다. 어정쩡한 표현을 싫어한다. 수소의 예가 이것을 분명히 납득하게 해 준다.

　무엇이 수소와 알칼리금속에서 공통적일까? 플러스 1가의 원자가뿐이다. 단지 바깥쪽 전자껍질의 구조가 같다는 것일 뿐이다. 그밖에는 아무것도 닮은 데가 없다. 수소는 기체이고 더구나 비금속이다. 수소는 2개의 원자로 분자를 구성한다. 그런데 제I족 이외의 원소는 전형적인 금속이며 화학반응에서 가장 활발한 원소이다. 수소는 자기의 단 하나뿐인 전자를 내세워 알칼리금속인 체하려 한다. 그러나 수소와 알칼리금속은 근본적으로 다른 남남이다.

주기율표라는 큰 집은 친척들인 원소가 각각의 층에서 같은 위치의 방에 살도록 만들어져 있다. 그들은 주기율표 속에서 족(族)과 아족(亞族)을 형성하고 있다. 이것이 큰 집에 사는 거주자들의 법칙이다. 그런데 제I족에서는 수소가 본의 아니게 이 법칙을 어기고 있다.

가엾은 수소는 어디로 가야 할까? 주기율표의 족은 모두 9종이고, 이 큰 집에는 9개의 방이 배치되어 있다. 그리고 1층에는 이른바 0(영)족만이 헬륨―1층에서의 수소의 이웃―의 방으로 지목되고 있다. 다른 곳은 비어 있다. 수소에게 '떳떳한 장소'를 찾아 주려면 어떤 방식으로 1층의 배치를 바꾸어야 할까?

제II족, 베릴륨(Be)을 선두로 하는 알칼리토금속이 사는 곳에다 살게 할 수는 없을까? 안 된다. 그들은 수소에게 아무런 친근감도 갖고 있질 않다. III족, IV족, V족, VI족도 역시 단연코 사절이다. 그렇다면 제VII족은 어떨까? 이것은 할로겐족―플루오린(F), 염소(Cl), 브로민(Br) 등―으로서 수소에게 우정의 손길을 뻗고 있다.

어느 날 아이들끼리 서로 만났다.

"넌 몇 살이니?"

"나 말이야? 응 난 이래……." 손가락을 꼽아 보인다.

"그래, 나와 동갑이군. 하지만 난 자전거를 가졌어."

"그래? 나두야."

"네 아빠는 뭘 하시니?"

"자동차 운전기사야"

"그래? 우리 아빠도 그런걸."

"그럼, 우리 사이좋게 지낼까?"

"그래, 그러자꾸나."

"넌 비금속이니?" 하고 플루오린이 수소에게 물었다.

"비금속이야."

"넌 기체니?"

"그래."

"우리도 그런걸" 하고 이번에는 수소를 바라보며 플루오린이 말했다.

"그런데 내 분자는 2개의 원자로 되어 있단다."
하고 수소가 가르쳐 준다.

"그게 정말이니?" 하고 플루오린이 놀라며 말한다.

"우리와 똑같군 그래."

"그럼, 마이너스의 원자가를 나타낼 수 있니? 전자를 여분으로 받아들이는 거 말이야. 우리는 그렇게 하길 무척 좋아하거든."

"물론이야. 나를 그리 좋아하지 않는 알칼리토금속과 함께 수소화물(水素化物)을 만드는걸. 그때 내 원자가는 마이너스 1이 되지."

"그럼 넌 우리에게로 들어오렴. 그리고 친하게 지내자."

수소는 제Ⅶ족에 정착했다. 그러나 과연 언제까지고 거기에 안주할 수 있었을까? 새로운 친척으로 이럭저럭 사귀고 있는 동안에 할로겐 중의 누군가가 환멸을 느끼면서 불평을 터놓았다.

"그런데 말이야, 넌 그…… 바깥쪽 전자껍질의 수가 형편없이 적잖니. 단 1개뿐이니까 말이야. 제Ⅰ족 비슷해. 알칼리금속한 테로 가는 게 좋지 않겠니……."

가엾게도 수소에게는 빈 방은 많은데도 오래오래 확실하고 완전한 권리를 누리며 정착할 만한 곳이라고는 아무 데도 없었다. 정말이지 「과학의 노래」라도 불러 보고 싶은 심정이다. "수소야, 수소야. 역경의 수소야. 너는 알칼리금속에는 끼어들지 못하고, 할로겐에게는 눈 밖에 났구나."

그렇지만 어째서일까? 수소의 놀라운 양면성의 원인은 어디에 있는 것일까? 왜 수소는 이렇게도 이상한 행동을 하는 것일까?

화학원소의 특성은 다른 원소와 화합할 적에 나타난다. 이때 원소는 전자를 주거나 받거나 한다. 전자는 바깥쪽의 전자껍질에서 떠나든가 또는 거기로 들어온다. 원소가 바깥쪽 전자껍질의 전자를 완전히 상실하더라도 안쪽 전자껍질은 보통 바뀌지 않는 채로 유지되어 있다. 어느 원소의 경우도 그렇지만, 수소만은 예외이다. 수소에게 있어서 단 1개인 전자와 헤어진다는 것은 벌거숭이인 알몸의 원자핵만이 남는다는 것이 된다. 즉 양성자가 남는다. 양성자라는 것은 수소원자의 핵을 말한다(하기야 수소원자의 핵이 반드시 양성자라는 것은 아니지만 이 중요한 문제에 대해서는 뒤에서 다시 살펴보기로 한다). 어쨌건 이것은 수소의 화학이 소립자─양성자─의 화학, 독특한 화학인 것 같다는 점을 의미하고 있다. 수소가 일으키는 반응에는 양성자가 활발한 영향력을 끼치고 있다.

여기에 수소의 저토록 모순에 찬 행동의 수수께끼를 풀어 주는 열쇠가 있다.

첫 번째의 가장 놀라운 일

수소를 발견한 사람은 영국의 유명한 물리학자였던 캐번디시(H. Cavendish, 1731~1810)이다. 그를 가리켜 당시의 사람들은 학자 중에서 제일 부자였고, 부자 중에서도 가장 학문이 있는 사람이라고 말하고 있다. 여기에다 덧붙여 말한다면, 학자 중에서도 가장 융통성이 없는 사람이기도 하다. 그는 자기 서고에서 책을 가져올 때도 일일이 도서카드에 기록을 한 사람이다. 학자 중에서 가장 학문에 열중한 사람, 특히 과학에 완전히 몰두했던 그는 사람을 꺼리는 것으로도 평판이 자자했다. 어쩌면 그와 같은 성격 때문에 새로운 기체—수소—를 발견할 수 있었을 것이다. 사실인즉 이것은 웬만큼 어려운 일이 아니었다. 발견은 1767년에 이루어졌고, 1783년에는 프랑스의 샤를르(J. A. C. CharIes, 1746~1823)가 수소를 가득 채운 최초의 기구(氣球)를 띄웠다.

화학자에게 있어서도 수소는 매우 가치 있는 습득물이었다. 수소는 산과 염기—화합물의 가장 중요한 분류—가 어떤 구조를 가지고 있는지를 가르쳐 주었다. 수소는 없어서는 안 될 실험 시약이 되었다. 염의 용액으로부터 금속을 침전시켜서 금속 산화물을 환원시킨다. 만약에 수소가 1766년이 아니고, 이를테면 반세기쯤 늦게 발견되었더라면(실제로 이런 일은 일어날 수 있었던 일이다) 화학의 발전은 이론적으로나 실용적으로 오랫동안 정체되었을 것이다.

화학자가 수소를 완전히 길들여서 중요한 물질을 만드는 데 이용하기 시작했을 때, 물리학자들도 이 기체에 흥미를 가졌다. 그들은 이 기체로부터 많은 지식을 얻었고, 그것이 과학을 몇 배나 풍요롭게 만들었다.

원한다면 그것을 확인해 보기로 하자. 수소는 헬륨 이외의 어떤 액체 또는 기체보다도 낮은 온도, -259℃에서 고체가 된다. 또 수소원자는 덴마크의 물리학자 보어(N. Boer, 1885~1962)가 원자핵 주위의 전자배열 이론을 완성하는 데 도움이 되었는데, 이 이론이 없이는 주기율의 물리적 의미를 이해할 수가 없다. 그리고 이 사실이 다른 훌륭한 발견을 위한 토양이 되었다.

이어서 물리학자들은 작업상의 가까운 친척인 천체물리학자들에게 배턴을 넘겨주었다. 그들은 별의 조성과 구조를 연구하고 있다. 천체물리학자들도 수소가 우주에 있어서의 첫 번째 원소라는 결론에 도달했다. 수소는 태양, 별, 성운의 주성분이며, 우주 공간에 있는 가스의 주역이다. 우주에는 다른 화학원소를 모두 합친 양보다도 수소가 더 많다. 1% 이하밖에 없는 지구와는 사정이 다르다.

다름 아닌 이 수소로부터 원자핵 변환의 긴 과정이 시작되고 있다. 이 과정은 모든 화학원소, 모든 원자의 생성으로 이어져 있다. 태양과 별의 내부에서는 수소가 헬륨으로 바뀌는 핵융합 반응이 진행되고 있고, 방대한 에너지를 방출하고 있다. 태양과 별은 그 덕택으로 저렇게 빛을 내고 있는 것이다. 지구상에서의 뛰어난 화학자인 수소는 우주에서도 비범한 화학자라고 말할 수 있다.

또 한 가지 놀라운 성질이 있다. 그것은 수소원자가 파장 21㎝의 전파를 낸다는 사실이다. 이것은 우주 전체에 공통인, 이

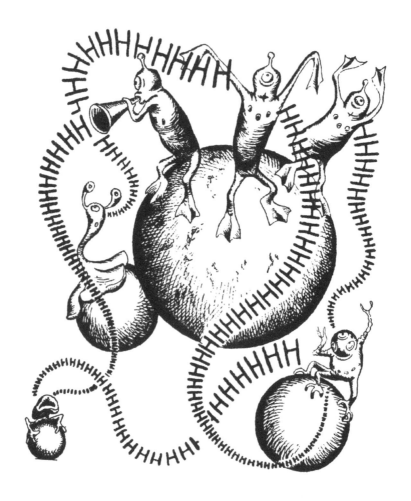

른바 우주상수(宇宙常數)이다. 그래서 과학자들은 생물이 있는
다른 별과 수소전파로써 교신을 할 수 없을까 하고 생각했다.
만약 거기에 이성적인 생물이 있다면, 이 21㎝라는 수치가 무
엇을 가리키는 것인지를 이해할 수 있을 것이 틀림없다.

지구에는 몇 종류의 수소가 있는가?

노벨상을 탄다는 것은 과학자에게는 최고의 영예이다. 세계에는 많은 뛰어난 과학자가 있으나, 그중의 극히 소수의 몇몇 사람만이 이 영예를 얻고 있을 뿐이다. 뛰어난 발견 중에서도 특히 뛰어난 발견에 대해서만 주어지는 상이다.

1934년에는 유리(H. C. Urey, 1893~1962, 노벨화학상)와 마이넛(G. R. Minot, 1885~1950), 머피(W. R. Murphy, 1892~1987), 휘플(G. H. Whipple, 1878~1976)(이 세 사람은 노벨생리의학상)의 네 사람이 이 명예를 안았다. 이전에는 지구상에는 단 1종류의 수소가 있는 것으로 생각되고 있었다. 그 원자량은 1이다. 그런데 유리는 2배의 무게를 갖는 수소의 무리, 즉 원자량이 2인 동위원소(同位元素)를 발견했다.

전하는 같아도 원자량이 다른 원자의 변종을 동위원소(동위체)라고 하는데, 동위원소의 원자핵에는 같은 수의 양성자와 다른 수의 중성자가 포함되어 있다고 말해도 된다. 어떤 화학원소도 동위원소를 가지고 있다. 어떤 것은 자연계에 있고, 어떤 것은 핵반응의 도움을 빌어 인공적으로 만들어진다.

핵이 양성자만으로 이루어져 있는 수소의 동위원소는 프로튬(Protium)이라 불리며 ^1H로 표기된다. 이것은 중성자를 함유하지 않는 원자핵의 단 하나의 예다(이것도 수소의 독특한 성질이다).

이 외톨박이 양성자에 중성자를 가하면, 수소의 무거운 동위원소—중수소(^2H 또는 D)—의 핵이 나타난다. 자연계에는 프로튬이 중수소보다 훨씬 많아서 99% 이상을 차지하고 있다.

그런데 핵 속에 2개의 중성자를 갖는 수소의 제3의 변종인 삼중수소(^3H 또는 T)도 있다는 것을 알았다. 삼중수소는 우주선

(字苗線)의 작용으로 대기 속에 끊임없이 생성되고 있다. 다만 생성은 되더라도 금방 없어져 버린다. 그것은 삼중수소는 방사성(放射性)으로 붕괴해서 헬륨의 동위원소(헬륨 3)로 바뀌어 버리기 때문이다. 삼중수소의 양은 매우 적어서 지구의 대기 속에

모두 6g밖에 없다. 공기 10㎤당 1개의 삼중수소원자가 있는 셈이다. 그런데 최근에 와서 과학자들은 수소의 가장 무거운 동위원소—^{4}H와 ^{5}H—를 인공적으로 만드는 데 성공했다. 이것들은 매우 불안정하여 금방 붕괴해 버린다.

수소에 동위원소가 있다는 것, 그 자체는 다른 화학원소와 같다. 그러나 수소의 동위원소가 성질에 있어서 특히 물리적인 성질에 있어서 서로가 꽤나 다르다는 것은 다른 화학원소에서는 볼 수 없는 일이다. 다른 수소의 동위원소는 거의 완전하다고 할 만큼 서로가 아주 흡사하다.

수소의 동위원소는 제각기 자기 얼굴을 가지고 있어, 화학반응을 일으킬 때는 각각 다른 행동을 한다. 이를테면 프로튬은 중수소보다 활발하다. 수소의 동위원소의 행동을 연구하고 있던 화학자들은 전혀 새로운 과학분야—동위원소화학—를 개척했다. 우리가 잘 알고 있는 화학은 모든 동위원소를 포함한 원소 전체를 다루고 있다. 그런데 동위원소화학은 개개의 동위원소에 대해 연구한다. 이 화학은 여러 가지 화학적 과정의 극히 섬세한 부분을 이해하는 데 도움이 되고 있다.

물리학+수학=화학

원소의 주기율표라고 하는 커다란 집이 세워지고, 원소에는 각각 각자의 방이 할당되었다. 화학자는 주기율표라는 강력한 무기를 손에 넣었다. 그런데 왜 원소의 성질은 주기적으로 반복되는 것일까? 그 이유는 오랫동안 알지 못한 채로 있었다.

이것에 대한 설명을 한 것은 물리학자들이었다. 그들은 주기율표라고 하는 건물의 내구성(耐久性)을 조사했다. 그리하여 놀라운 사실을 밝혀냈다. 이 건물의 구조는 전적으로 옳다는 것이었다. '화학의 역학(力學)'의 모든 법칙과 합치되고 있다. 남은 일이라고는 그저 멘델레예프의 천재적 직관의 정확성과 화학에 대한 심오한 지식에 머리를 숙이는 일뿐이다.

물리학자들은 우선 원자의 구조를 해명하는 일부터 시작했다.

원자의 심장은 원자핵이다. 그 주위를 전자가 돌고 있다. 전자의 수는 핵 속의 양전하의 수와 같다. 이를테면 수소에서는 1개, 칼륨에는 19개, 우라늄에는 92개……라는 식이다. 전자는 어떻게 돌고 있을까? 전적으로 무질서하게, 마치 전구 주위를 날아다니는 나방떼처럼 돌아다니고 있을까? 아니면 일정한 질서를 따르고 있을까?

이것을 밝히기 위해 과학자들은 물리학의 새로운 이론의 도움을 빌어 새로운 수학적 방법을 만들었다. 그 결과로 알게 된 것은, 전자는 태양 주위를 도는 행성처럼 일정한 궤도—전자껍질—를 따라서 돌고 있다는 사실이었다.

"각각의 전자껍질에는 몇 개의 전자가 들어가 있는가? 몇 개라도 상관없는 것인가? 아니면 수가 제한되어 있는 것인가?" 하고 화학자가 물었다.

물리학자는 "엄밀하게 제한되어 있다"고 대답했다. "각각의 껍질의 용량에는 한계가 있다."

물리학자는 자기들의 기호—전자껍질의 기호—를 가지고 있다. 로마자로 K, L, M, N, O, P, Q라고 한다. 이런 기호가 핵으로부터 멀어지는 순서에 따라 전자껍질에 붙여져 있다.

물리학은 수학과 협력해서 각각의 껍질에 몇 개의 전자가 포함 되는가를 자세히 조사했다.

　K껍질에는 2개의 전자가 들어갈 수 있다. 그 이상은 결코 들어가지 못한다. K껍질에 1개의 전자를 갖는 것이 수소원자이고, 2개의 전자를 갖는 것이 헬륨원자이다. 따라서 주기율표의 제1주기는 모두 2개의 원소로 구성되어 있다.

　L껍질에는 훨씬 더 많은 8개의 전자가 들어갈 수 있다. L껍질에 1개의 전자만 들어가 있는 것이 리튬원자이고, 8개의 전자가 모조리 들어가 있는 것이 네온원자이다. 리튬에서 네온까지의 8개의 원소가 주기율표의 제2주기를 형성하고 있다.

　그렇다면 이보다 바깥쪽에 있는 전자껍질에는 몇 개의 원자가 들어가 있을까? M껍질에는 18개, N껍질에는 32개, O껍질에는 50개, P껍질에는 72개이다.

　2개의 원소가 그것들의 바깥쪽 전자껍질, 즉 외각(外殼)의 구조가 같으면 이들 원소는 성질이 닮아 있다. 이를테면 리튬과 나트륨의 경우, 외각에 포함되는 전자의 수는 양쪽 모두 1개씩이다. 그 때문에 이 2개의 원소는 모두 주기율표의 같은 족, 즉 제Ⅰ족에 놓여 있다. 족의 번호는 그 족에 들어가 있는 원소의 원자가 가지고 있는 가전자(價電子)의 수와 같다. 가전자라는 것은 외각의 전자를 말한다.

　이리하여 결론이 나왔다. 즉 외각─바깥쪽 전자껍질─의 같은 구조가 주기적으로 반복된다는 것이다. 이 때문에 화학원소의 성질도 주기적으로 반복되는 것이다.

좀 더 수학적으로

　모든 것에는 논리(論理)가 있다. 도무지 이해할 수 없을 것 같은 현상에서조차도 논리가 있는 것이다. 다만 그것이 처음부터 분명하게 성립되어 있지 않을 뿐이다. 그래서 일치하지 않는 것이 나타난다.

여기에 일치하지 않는 것을 보여 주는 한 예가 있다. 멘델레예프의 주기율표의 첫 두 주기에 대해서만 등식(等式)이 정확히 지켜지고 있다. 즉 각각의 주기에 포함되는 원소의 수는, 그 각각의 외각에 최대한으로 함유되는 전자의 수와 일치하고 있다.

그런데 그 뒤는 상황이 복잡하다.

제3주기 이후의 각 주기에 몇 개의 원소가 포함되어 있는가를 세어 보기로 하자. 제3주기에는 8개, 제4주기에는 18개, 제5주기에도 18개, 제6주기에는 32개로 되어 있다. 제7주기는 아직 완성되지 못한 것 같으나 역시 32개일 것이다. 그렇다면 이것에 대응하는 전자껍질은 어떻게 되어 있을까? 앞에서 말했듯이 전혀 다른 수이다. 18, 32, 50, 72…….

일치하지 않는다. 주기율표의 제3주기의 거주자는 세 번째의 전자껍질, 즉 M껍질로 들어갈 수 있는 전자의 수보다 적다. 그 뒤의 주기에 대해서도 같은 말을 할 수 있다.

한심한 불일치……. 그러나 이 일치하지 않는 속에서야말로 주기율의 수수께끼를 풀어 주는 열쇠가 있다.

제3주기는 아르곤(Ar)으로 끝나고 있는데, 아르곤원자의 세 번째의 M껍질은 아직껏 완성되지 않았다. M껍질에는 18개의 전자가 들어가 있을 터인데도, 아직껏 8개밖에 들어가 있질 않다. 아르곤 다음에는 칼륨이 이어지는데 이 칼륨은 이미 제4주기의 원소이고 4층의 첫 번째 거주자인 것이다. 즉 칼륨원자는 9번째에 해당하는 전자를 M껍질에 넣는 대신, 4번째의 N껍질에다 넣는다. 이것은 우연이 아니라, 역시 물리학에 의해 확인

된 엄밀한 법칙을 따르고 있다. 외각에 8개 이상의 전자를 갖는 원자는 간단하게 존재할 수가 없는 것이다. 외각의 8개 전자의 결합은 지극히 튼튼하게 되어 있다.

칼륨 바로 이웃의 칼슘(Ca)에 있어서도 다음번의 전자를 N껍질에 넣는 편이 '유리하다.' 이 경우 칼슘원자는 전자배치의 다른 조합 때보다도 작은 에너지를 가지게 될 것이다. 그런데 칼슘 다음의 스칸듐(Sc)은 원자의 외각을 구축하려는 경향이 없어진다. 스칸듐의 전자는 하나 앞의 완성되지 않는 M껍질에 '숨어든다.' M껍질에는 전자 10개 몫의 장소가 아직도 남아 있으므로(앞에서 말했듯이 M껍질의 최대용량은 전자 18개이다), 스칸듐에서부터 아연(Zn)까지의 10개 원소가 연달아 M껍질에 전자를 채워간다. 마지막 아연이 있는 곳에서 M껍질의 전자가 모조리 갖춰지게 된다. 그 뒤는 다시 N껍질이 전자를 받아들이기 시작한다. N껍질에 8개의 전자가 들어간 것은 비활성 기체인 크립톤(Kr)이다. 루비듐에서부터는 다시 같은 역사가 반복된다. 즉 4번째의 N껍질이 완성되기 전에 5번째의 O껍질이 나타나는 것이다.

전자껍질을 이와 같이 단계적으로 채워 나가는 것이, 제4주기 이후의 거주자에게 있어서 '행동의 기준'이 되는 것이다. 이 것은 화학 원소라는 커다란 집의 철칙으로 되어 있다.

따라서 주기율표의 각 족은 주(主)와 부(副)의 두 계열로 나누어진다. 외각이 채워져 가고 있는 원소는 주계열이 되고, 안쪽 전자껍질을 완성시키려 하고 있는 원소는 부계열에 속한다.

그런데 4번째의 N껍질은 단번에 채워지지 않는다. 단번에는 커녕 큰 집의 4층, 5층, 6층에 걸쳐서 천천히 채워져 간다. 맨 처음에 N껍질에 관계하는 전자는 19호방에 거주하는 칼륨의 전자이다. N껍질에 마지막 32번째의 전자가 채워지는 것은 주기율표의 제6주기에 속하는 루테튬(Lu)이 되고 나서의 일이다. 루테튬의 원자번호는 71이다.

보다시피, 불일치는 우리에게 있어서 바람직한 방향으로 방향을 바꾸었다. 불일치를 해명하려고 하다가 우리는 물리학자와 더불어 주기율표의 구조를 한층 더 깊이 이해할 수 있게 된 것이다.

예기치 않았던 일에 봉착

영국의 작가 웰스(H. G. Wells, 1866~1946)의 공상 과학 소설 『우주전쟁』은 지구에 화성의 사자가 온다는 이야기이다.

이 소설을 상기해 보자. 화성인이 모조리 사멸하고, 지구의 생활은 다시 평온을 되찾았다. 그리고 충격에서 깨어난 과학자들은, 이웃 행성에서 온 예기치 않았던 내방자들이 남겨 놓고 간 두세 가지 일의 연구에 착수한다. 그중에는 화성인이 지구를 전멸시키려고 사용했던 비밀의 검은 가루도 포함되어 있었다.

무서운 폭발이 일어나며, 몇 번이나 실험에 실패한 뒤에야 다음과 같은 것을 알았다. 이 불길한 검은 물질은 비활성 기체인 아르곤과 무엇인지 아직 지구에서는 알려지지 않은 원소와의 화합물이었다.

그러나 이 영국 작가가 자신의 작품 마지막 한 줄을 다 썼을 무렵, 화학자들은 이미 아르곤이 어떤 원소와도 어떤 조건 아래서도 화합하지 않는다는 것을 확신하고 있었다. 실제로 행해진 많은 실험이 이것을 확신하게 했다.

아르곤은 헬륨, 네온(Ne), 크립톤(Kr), 제논(Xe), 라돈(Rn)으로 이루어지는 화학의 '나태한' 무리 중 하나로, 이 그룹은 비활성 기체라고 불린다.

주기율표에서는 비활성 기체는 이른바 0족을 형성하고 있다. 왜냐하면 이들 원소의 원자가가 0이기 때문이다. 비활성 기체의 원자는 전자를 주지도 않고 받지도 않는다.

화학자들은 어떻게 해서든지 이들 원소에 반응을 일으켜 보려고 했다. 가장 용해하기 힘든 금속조차도 액체가 되어서 부글부글 끓도록 고열로 가열해 보기도 하고, 비활성 기체가 얼음으로 되는 상태로까지 식혀도 보았다. 또 엄청나게 강력한 방전 속을 통과시키거나 강력한 약품을 작용시켜 보기도 했다. 그러나 모든 일은 다 허사였다.

다른 원소라면 벌써 손을 들고 화합물을 만들었을 법한 경우에도, 비활성 기체는 꿈쩍도 하지 않았다. "쓸데없는 힘을 낭비하지 말아요" 하고 비활성 기체가 비웃는 것만 같았다. "우리는 반응을 일으키는 일 따위는 전혀 바라지도 않는다. 우리는 훨씬 더 고급인걸" 하고 말이다.

지구의 광물 속에서 헬륨을 발견한 램지의 공적은 참으로 자랑할 만하다. 새로운, 현실로 존재하는 화학원소를 이 세상에 보내 주었으니까. 그러나 헬륨이 주기율표의 다른 거주자들과 마찬가지로, 수소와 산소와 황의 화합으로써 구성되는 것이라면 더 좋았을지도 모른다. 그랬더라면 선생님들도 헬륨의 산화물이나 염에 대해 학생들에게 설명할 수 있었을 터이니까 말이다.

그러나 비활성 기체족의 일원인 헬륨은 기대에 응해 주지 않았다. 19세기가 끝날 무렵, 다시 램지에 의해서 네온과 크립톤과 제논이, 그리고 레일리(J. W. S. Rayleigh, 1842~1919)와 램지에 의해서 아르곤이 발견되었다. 그 후 라돈이 발견되어 화학의 게으름뱅이들의 명부가 완성되었다. 이들은 모두가 자기 자신의 원자량을 가진 한몫의 원소이다. 그러나 어떤 조건에서도 어떤 원소와도 화합하지 않는다는 점에서는 매우 별난 것들이었다.

그래서 과학자들은 이 오만불손한 비활성 기체의 가족을 주기율표의 가장자리로 밀어내고, 주기율표의 새로운 부분인 0족을 증축했다. 과학자들은 모두 6개의 원소가 화학이라고 하는 학문의 활동범위에서 탈락해 버린 것을 슬퍼했다.

수수께끼는 풀렸지만……

초기에는 멘델레예프도 혼란을 겪고 있었다. 그는 처음, 아르곤은 새로운 원소가 아니라고 말했을 정도였다. 이것은 질소의 매우 특수한 화합물로서 그 분자는 3개의 원자로 구성된다. 즉 N_3이다. 산소분자 O_2와 오존분자 O_3가 있는 것과 같다.

결국 이와 같은 사실이 멘델레예프로 하여금 오류를 깨닫게 하고, 램지가 옳다는 것을 인정하게 만들었다. 현재 전 세계의 교과서는 영국의 과학자 램지를 비활성 기체의 최초의 발견자로 언급하고 있으며 이것에 반론을 제기하는 사람은 아무도 없다.

러시아의 혁명가 모로조프(N. A. Morozov, 1854~1946)는 20년 동안을 시릿셀부르크 감옥의 고문실에서 고통을 겪고 있었다. 소비에트 정부가 성립되어 석방되자, 그는 수년 사이에 세계적인 명성을 떨치는 과학자가 되었다. 감옥의 튼튼한 벽도 그의 과학적 창조에 대한 의지를 꺾을 수는 없었던 것이다. 독

방의 외톨박이 감옥 생활과는 딴판으로, 그에게는 잇달아 착상 과 가설이 떠올랐고, 차츰차츰 대담하고 독창적인 것으로 자랐 다. 감옥에서 그는 주기율에 관한 연구를 완성했다. 마침내 그 는 화학적으로 비활성 원소가 있을 것이라고 예언했던 것이다.

　모로조프가 자유의 몸이 되었을 때, 비활성 기체는 이미 발

견되어 있었고, 원래의 주기율표 속에서 자기들의 거처를 찾아내고 있었다…….

멘델레예프가 죽기 얼마 전, 모로조프가 그를 방문하여 두 과학자 사이에 주기율에 관한 장시간에 걸친 토론이 있었다는 이야기가 전해지고 있지만 유감스럽게도 토론의 내용에 대해서는 알려져 있지 않다.

멘델레예프는 0족 원소의 비활성에 관한 비밀이 드러나기 불과 얼마 전에 죽었다. 이 수수께끼는 다음과 같은 것이었다.

이따금 화학자들을 도와주고, 지금도 도와주고 있는 물리학자는 8개의 전자를 함유하는 외각이 매우 안정되어 있다는 사실을 확인했다. 이 상태는 외각에 있어서는 이상적인 것이다. 그 때문에 8개의 전자를 갖는 외각은 여분의 전자를 상실하거나 받아들이지 않는다. 여기에 비활성 기체의 '비활성'의 기반이 있다. 비활성 기체에 속하는 원소는 외각에 8개의 전자를 가지고 있다. 헬륨원자의 경우는 2개인데, 2개의 전자를 갖는 그 껍질이 튼튼하기로는 다른 게으름뱅이들의 8개의 전자를 갖는 껍질에 못지않다.

또 한 가지 밝혀진 사실이 있다. 멘델레예프의 주기율표에 0족을 보탠 것은 부득이한 수단이 아니었다는 점이다. 0족이 없이는 주기율표라고 하는 건물은 미완성품에 지나지 않는다. 주기율표의 주기는 모두 비활성 기체로 끝나고 있기 때문이다. 그런 다음에, 다음번의 전자껍질로 전자가 들어가기 시작해서 커다란 집의 다음 층이 증축되어 간다.

보다시피 모든 것이 꽤나 쉽게 설명되었다. 비활성 기체는 그 달갑지 않은 이름에도 불구하고 실용적인 용도가 발견되었다. 기구나 비행선에 헬륨이 채워지게 되고, 잠수부가 잠수병과 싸우는 일을 도와주기 시작했다. 아르곤이나 네온의 광고는 밤을 화려하게 장식한다.

그렇지만 아마 '그래도 지구는 돌고 있다?'는 투의 것이 아닐는지? 물리학자가 무언가를 그냥 보아 넘겨 버리고 있는 것은 아닐는지? 또 화학자들이 물질을 서로 반응시키는 수단을 모조리 쓰고 있지 못하는 것은 아닐는지?

비활성 기체가 비활성이 아닌 것으로 된다

"2개의 평행직선은 결코 직교하지 않는다?"라는 고대의 대(大)수학자 유클리드(Euclid, B.C. 약 320~275)의 말을 들먹이며, 기하학은 주장해 왔다.

"아니다, 직교한다!"라고 19세기 중엽에 러시아의 수학자로 바체프스키(N. I. Lobachevskii, 1793~1856)는 선언했다.

이리하여 비유클리드 기하학이라는 새로운 기하학이 탄생했다.

"허튼 소리! 환상이다!" 하고 처음에는 학계의 권위자들이 반대했다.

그러나 로바체프스키의 기하학이 없이는 상대성이론도, 우주의 구조가 어떤 법칙을 따르고 있는지에 대한 대담한 사고도 존재하지 못했을 것이다.

알렉세이 톨스토이(A. K. Tolstoi, 1817~1879)의 작품에 『기사가린의 쌍곡면』이라는 소설이 있다.

"훌륭한 공상 소설이다" 하고 온 세계의 문학자들이 칭찬했다.

"결코 현실이 될 수 없는 허튼 공상이다"라고 과학자는 맞섰다.

톨스토이가 15년만 더 오래 살아 있었더라면, 그때까지 본 적도 없는 밝기와 위력을 지닌 광선이 루비의 결정에서 뻗어나가고 '레이저'라는 말이 일반 사전에도 실리는 것을 볼 수 있었을 것이다.

열광적인 학자들은 언젠가는 비활성 기체의 전대미문의 완고성을 이겨낼 수 있으리라고 확신하고 있었다. 20세기의 20년대, 30년대, 40년대의 이미 퇴색하기 시작한 과학잡지들을 펼쳐보면 재미있는 몇 가지 논문과 기사를 발견하게 된다. 이들 논문이나 기사에 의해, 화학자들이 비활성 기체를 자기들의 활동범위 속으로 끌어들이려는 꿈을 버리지 못했었다는 사실을 알 수가 있다.

이들 지면에서는 낯선 화학식이 우리를 바라보고 있다. 이들 식은 놀라운 물질에 대해서, 수은과 팔라듐, 백금, 그 밖의 금속과 헬륨의 화합물에 대해서 말하고 있는데, 사실은 한 가지 결점이 있다. 이것들이 사실은 진짜 화합물이 아니라는 점이다. 헬륨의 2전자껍질은 이들 화합물 속에 확고하게 남아 있었고, 더구나 이들 가짜 화합물은 매우 낮은 온도 아래에서만 존재한다. 절대 영도에 가까운 저온의 지배 하에서만 존재하는 것이다…….

다시 화학잡지의 책장을 넘겨보자. 또 하나의 새로운 발견이 나타난다. 소련의 화학자 니키틴이 제논과 라돈을 물과 페놀, 그 밖의 몇 가지 유기용매(有機落媒)와 결합시켜 $Xe \cdot 6H_2O$라든가 $Rn \cdot 6H_2O$와 같은 물질을 만들었던 것이다. 이것들은 보통 조건에서는 안정되어 있고 손에 넣기 힘든 것은 아니다. 그러나…….

그러나 지금까지와 마찬가지로 이 경우에도 진짜 화학결합은 존재하지 않는다. 제논과 라돈의 원자는 그 외각의 완전성을 엄격히 지켜가고 있다. 즉 8개의 전자는 본래 그대로인 것이다. 비활성 기체가 발견되고부터 50년 이상이 지났으나, 비활성 기체는 여전히 비활성 기체인 채로 있었다.

이윽고 20세기가 끝난다. 인류사의 과거 어느 세기보다도 격동에 찬 가장 기념해야 할 세기인 20세기였다. 그리고 과학자들은 이 100년 동안에 과학사상(科學思想)이 얼마만한 높이에 도달했는지를 되돌아보게 된 것이다. 훌륭한 발견을 끝없이 열거해 나가는 동안에 '비활성 기체화합물의 생성'이 두드러진 지위를 차지하고 있다는 사실을 금방 깨닫게 될 것이다. 그리고 누구인지는 몰라도 감격한 과학평론가가 가장 충격적인 발견의 하나라는 해석을 덧붙이게 될 것이 틀림없다.

바로 그렇다. 이것은 차라리 로맨틱한 사건이라고도 말할 수 있다. 또 수십 년 동안에 수많은 과학자들이 풀지 못하고 고민하던 문제가 이렇게 간단하게 해결될 수도 있다는 예증(例證)이기도 하다…….

현대의 과학은 힘찬 나무를 연상하게 한다. 그 꼭대기는 높이 솟아올라 끊임없이 뻗어 나가고 있다. 이제는 한 인간이 그 나뭇가지를 헤아릴 수조차 없다. 대개의 경우 연구자들은 아주 작은 가지나 새싹, 또는 보일락 말락 하는 새싹이 돋아나는 것을 자세히 알아내는 데에도 몇 해를 소비하고 있다. 엄청난 수의 이와 같은 연구로부터 나뭇가지 하나하나에 관한 지식이 조합되어 간다. 캐나다의 화학자 바아트렛이 연구하고 있던 '작은 나뭇가지'는 6플루오린화백금(PtF_6)이라는 화합물이었다. 그가 이 물질에 착안한 것은 우연이 아니었다. 플루오린과 중금속의 화합물은 매우 흥미로운 물질로, 과학과 기술에 있어서는 매우

중요한 것이다. 이를테면 원자로를 운전하는 데 쓰이는 우라늄 235를 우라늄 238로부터 분리하는 데 필요하다. 어떤 동위원소를 다른 동위원소로부터 분리한다는 것은 무척 힘든 일이지만, 6플루오린화우라늄(UF_6)의 도움을 빌면, 우라늄 원자의 동위원소를 잘 분리해 낼 수가 있다. 거기에다 중금속의 플루오린화합물은 매우 활발한 물질이다.

바아트렛은 6플루오린화백금에 산소를 작용시켜 매우 흥미로운 화합물을 만들었다. 이 화합물 속의 산소는 양전하를 가진 분자 O_2^+로서, 즉 전자 1개를 상실한 분자로서 포함되어 있다. 이것이 왜 흥미로운가 하면 산소분자로부터 전자를 분리하는 일은 무척 힘들고, 많은 에너지를 소비해야 하는데, 6플루오린화백금에는 산소분자로부터 전자를 분리시키는 힘이 있다는 것을 알았기 때문이다.

비활성 기체 원자의 외각으로부터 전자를 분리시키는 데도 역시 매우 큰 에너지가 필요하다. 그런데 무거운 비활성 기체일수록 전자를 분리시키는 에너지가 적어도 된다는 법칙이 있다. 결국 제논원자로부터 전자 1개를 분리하는 것은, 산소분자로부터 전자 1개를 분리하는 것보다 간단하다는 것을 알았다.

즉, 그는 제논원자로부터 전자를 약탈해 오는 역할을 6플루오린화백금에게 부여하려 한 것이다. 그리고 이것에 성공했다. 1962년에 세계 최초의 비활성 기체의 화합물인 $XePtF_6$가 탄생했다. 이것은 꽤나 안정된 화합물로, 헬륨과 백금 또는 수은

과의 무엇인가 좀 특이한 화합물과는 성질이 다르다.

겨우 보이기 시작한 이 눈은 곧 새싹으로 자라서 나타났다. 새싹은 파죽지세로 뻗어 나가기 시작하여 화학의 새로운 방향, 즉 비활성 기체의 화학으로 성장했다. 이제까지는 그래도 많은 화학자가 신중한 회의론자였다. 그런데 오늘날 화학자들은 비활성 기체의 화합물을 30종류 이상이나 손에 넣고 있다. 주로 제논, 크립톤, 라돈의 플루오린화물이다.

이리하여 비활성 기체의 바깥쪽 전자껍질이 확고부동한 것이라는 신화는 깨지고 말았다.

새로운 불일치일까?

다음과 같은 이야기가 있다. 생각에 잠긴 한 사나이가 단단히 포장된 종이뭉치를 싸들고 연구실로 찾아와 과학자들 앞에 그 뭉치를 펼쳐 놓았다. 그리고는 확신에 찬 어조로 말했다.

"주기율표의 원소족은 7가지일 것입니다. 그 이상이어도 그 이하이어도 안 됩니다."

"어째서요?" 하고 놀란 과학자가 물었다.

"아주 단순한 일입니다. 7이라는 숫자에는 큰 의미가 숨겨져 있습니다. 무지개의 일곱 가지 색깔, 음계의 일곱 개의 음부……."

과학자들은 약간 머리가 돈 사람을 상대하고 있다는 것을 깨달았다. 그래서 새로 등장한 주기율표의 개축자의 요구를 농으로 여기기로 했다.

"인간의 머리에는 일곱 개의 구멍이 있다는 것을 잊지 마시오."

이것은 조작된 이야기가 아니다. 실제로 모스크바의 어느 연구소에서 있었던 이야기다.

　　이런 사건은 주기율표의 역사상 여러 번 있었다. 주기율표를 개조하는 일이 몇 번이나 시도되었다. 때로는 나름대로의 의미를 지닌 것도 있었지만 대개의 경우는 자기야말로 창조자라고 자부하는 사람들의 착각이었다.

　　멘델레예프가 주기율표를 발표하고 나서 100년이 더 지났는데도 신중한 화학자들마저 주기율표는 좀 더 개조되어야 한다고 생각하는 사태가 일어나고 있다니…….

　　일찍이 과학자들이 0족 원소를 원소로는 부르고 싶어 하지 않았던 때가 있었다. 지금은 사정이 다르다. 0족 원소를 비활성 원소라고 부르기에는 사정이 불편하게 되었다. 화학잡지에는 비활성 원소의 화학에 관한 논문이 실리지 않는 달이 없다. 각국에서 크립톤과 제논, 라돈의 새 화합물의 합성에 관한 뉴스가 날아든다. 2가, 4가, 6가의 제논, 4가의 크립톤……. 이런 말을 쓴다는 것은 20년 전쯤에는 미치광이 같은 일이었으나 지금은 아주 예사로운 일이 되었다.

　　"주기율표에는 플루오린화제논이라는 악마가 씌웠다"라고 어떤 유명한 과학자가 공포에 질리며 말한 적이 있다. 어떻게 해서든지 이 '악마'를 몰아내지 않으면 안 된다. 그런데 지금은 벌써…… 어쩌면 좋단 말인가?

　　'0족'이라는 생각은 과학사(科學史)의 고문서 보관소로 넘겨주어야 할 것이라고 주장하는 과학자도 있다. 비활성 기체는 제Ⅷ족에 놓아져야 할 것인지도 모른다. 이들 원소는 외각에 8개의 전자를 가지고 있으니까…….

그런데 제Ⅷ족은 이미 있다. 이것을 주기율표에 '증축'한 것은 멘델레예프 바로 그 사람이다. 철, 코발트(Co), 니켈(Ni), 루테늄(Ru), 로듐(Rh), 팔라듐(Pd), 오스뮴(Os), 이리듐(Ir), 백금(Pt)이라는 9개의 원소가 Ⅷ족에 들어가 있다. 이것을 어떻게 하면 좋을까?

바꿔 말해서 화학자는 새로운 불일치와 직면하고 있다. 주기율표의 형태를 바꾸지 못하게 방해하고 있는 것은 '낡은' Ⅷ족이다.

이것을 어디로 옮겨 놓아야 할까?

'무엇이든 물고 늘어지는 것'

소련의 과학자 페르스만(A. E. Fersman, 1883~1945)은 그 원소를 가리켜 이렇게 말했다. "왜냐하면 지금 문제로 삼으려는 원소보다 더 광폭한 원소는 이 세상에는 존재하지 않으며, 또 이 원소보다 화학적으로 활발한 물질이란 자연계에는 존재하지 않기 때문이다. 그 원소는 자연계에 유리된 형태로는 발견되지 않는다. 화합물로서만 존재하고 있다."

그 이름은 플루오린이고 주기표의 제Ⅶ족의 대표자이다.

일찍이 어떤 사람이 이렇게 말했다. "유리(遊離)된 플루오린화로 가는 길은 비극으로 이어져 있다"라고……. 달갑지 않은 말이다. 사람들은 지금까지 104종의 원소를 발견했다. 새로운 원소의 탐구에서 연구자들은 숱한 곤란을 극복하고, 헤아릴 수 없는 환멸을 맛보면서, 우스꽝스러운 오류의 희생자가 되었다. 미지의 원소의 흔적을 추적하여 과학자들은 많은 힘을 쏟아 왔다.

플루오린, 유리된 형태로서의 플루오린원소는 과학자들의 생명을 앗아가기도 했다.

유리 플루오린을 얻으려다 고통을 겪은 투사들의 비참한 기록은 많다. 아일랜드의 과학 아카데미 회원인 녹스, 프랑스의 화학자 니클레, 벨기에의 연구자 루이에 등 모두가 '무엇이든지 물고 늘어지는 것'에 희생된 사람들이다. 또 몇몇 과학자는 중상을 입었다. 그중에는 프랑스의 뛰어난 화학자 게이 뤼삭(J. L. Gay-Lussac, 1778~1850)과 테나르(L. J. Thenard, 1777~1857), 영국의 데이비(S. H. Davy, 1778~1829) 등이 있다. 이 밖에도 플루오린을 화합물에서 분리하려다가 플루오린으로부터 호되게 복수를 당한 무명의 연구자들이 많았으리라는 것도 의심할 여지가 없다.

1866년 6월 26일, 프랑스의 모아상이 유리 플루오린을 얻는 데 성공했다고 파리의 과학아카데미에 보고했을 때, 그의 한쪽 눈은 검은 안대로 가려져 있었다.

모아상은 처음으로 유리 플루오린이 어떤 것인지를 알았다. 솔직하게 말해서 많은 화학자들은 플루오린을 연구하는 일에 그저 소박하게 겁만 집어먹고 있었던 것이다.

20세기의 과학자는 플루오린의 흉폭성을 억제하는 방법을 발견했고, 이 원소를 인류생활에 봉사하게 하는 길을 찾아냈다. 플루오린화학은 지금은 무기화학(無機化學)의 커다란 독립된 부문으로 되어 있다.

무서운 강적은 마침내 정복되었다. 유리 플루오린을 찾아 투쟁한 숱한 전사들의 노고는 이제 수백 배로 보상되었다.

현대의 냉장고의 대부분은 냉매(冷媒)로써 프레온을 쓰고 있

다. 화학자들은 이 물질을 디플루오로디클로로메탄(CCl_2F_2)이라는 복잡한 이름으로 부르고 있다. 플루오린은 이 물질에는 없어서는 안 되는 성분이다.

'파괴적인' 플루오린이 아무것도 파괴하지 않는 얌전한 화합물을 만든다는 사실을 알고 있다. 이들 화합물은 불에도 타지 않고, 썩지도 않으며, 알칼리와 산에도 녹지 않고, 유리 플루오 린에도 파괴되지 않을 뿐더러, 북극의 추위도 거의 타지 않으 며, 온도가 급격히 변화해도 거의 아무 작용을 받지 않는다. 이 같은 화합물의 어떤 것은 액체이고, 어떤 것은 고체이다. 이들 에 공통되는 이름은 플루오린화탄소이고, 자연 자체도 생각하 지 못했던 화합물이다. 이것을 만들어 낸 것은 인간이다. 탄소 와 플루오린의 화합물이 매우 큰 도움을 준다는 사실을 알아냈 다. 플루오린화탄소는 엔진의 냉각액, 독특한 직물의 함침제(含 浸劑), 장기간을 쓸 수 있는 윤활유, 절연재료, 그리고 화학공업 의 여러 가지 장치를 조립하는 재료로 사용된다.

과학자들이 핵에너지 획득의 방법을 찾고 있었을 때, 우라늄 의 동위원소—우라늄 235와 우라늄 238—를 분리할 필요가 있었 다. 그리고 이 매우 복잡한 과제를 해결하는 데에도, 앞에서 말 했듯이 6플루오린화우라늄이라는 흥미로운 화합물의 도움을 빌 었던 것이다.

플루오린은 화학자를 도와 비활성 원소가 오랫동안 생각해 왔던 것과 같은 게으름뱅이가 아니라는 것을 증명했다. 이 세 상에 처음으로 나타난 비활성 원소 제논화합물이 바로 이 플루 오린과의 화합물이었던 것이다.

브란드의 '철학자의 돌'

300년 전쯤, 독일 함부르크에 브란드(H. Brand, 1692경)라는 이름의 상인이 살고 있었다. 그가 장사에 얼마만큼 능숙했는지 는 잘 모르지만, 화학에 대해서는 꽤나 유치한 생각을 가졌었던 것만은 확실하다.

브란드는 무슨 방법으로든지 큰돈을 움켜쥐어 보았으면 하고 생각하고 있었다. 저 유명한 '철학자의 돌'만 발견할 수 있다면, 쉽게 떼돈을 벌어서 갑부가 될 수 있을 것이었다. 이 '철학자의 돌'은 연금술사의 신념에 의하면, 돌멩이도 금으로 바꾸어 놓을 수 있는 것이었다.

몇 해가 지났다. 동료 상인들은 브란드의 이름조차도 까맣게 잊었고 이따금 생각이 나더라도 머리를 가로저을 뿐이었다. 그러나 브란드는 그동안 줄곧 여러 가지 광물과 약품을 녹이거나, 섞거나, 거르거나, 가열하거나 하고 있었다. 그의 두 손은 산과 알칼리에 짓물렸는데도 그는 조금도 꺾이지 않았다.

어느 날 밤, 이 상인에게 운명의 여신이 미소를 지어 보였다. 레토르트 바닥에 눈처럼 하얀 물질이 가라앉은 것이다. 이 물질은 공기 속에서 금방 연소해서 숨이 콱콱 막힐 만큼 짙은 연기를 내뿜었다. 더욱이 재미있는 일은 어둠 속에서 빛을 내는 것이었다. 이 차가운 빛의 밝기는 낡은 연금술책을 읽을 수 있을 만큼 밝았다.

이리하여 우연하게도 '인(Phophorus, P)'이라는 새로운 화학 원소가 발견되었다. 인이라는 이름은 그리스어의 '빛(phos)'과 '운반자(phoros)', 즉 '빛을 나르는 사람'에서 유래한다. 주기율표의 어떤 원소도 어둠 속에서 빛을 내는 별난 성질을 갖고 있지 않다.

인에는 중요하고도 매우 도움이 되는 성질이 많다.

네덜란드의 생리학자이자 철학자인 몰레스코트(J. Moleschott, 1822~1893)는 100년 전쯤에 '인이 없으면 사고(思考)도 없다'라고 말했다. 확실히 그렇다. 뇌조직에는 많은 복잡한 인화합물이 함유되어 있기 때문이다.

그리고 인이 없으면, 생명 그 자체도 생각할 수가 없다. 인이 없으면 호흡과정이 진행되지 못할 것이고, 근육은 에너지를 저장할 수 없을 것이다. 또 인은 생체를 구축하고 있는 가장 중요한 '블록'의 하나이다. 사실인즉 뼈의 주성분은 인산칼슘이다.

이렇게 무생물을 생물로 바꿀 수가 있으므로 인은 '철학자의 돌' 이상의 것이 아니겠는가?

그런데 인은 왜 빛을 낼까?

하얀 인 덩어리의 표면에는 인의 증기 구름이 떠돌고 있다. 이것이 산화되어 다량의 에너지가 방출된다. 이 에너지가 인의 원자를 들뜨게 하고 그 때문에 빛이 생기는 것이다.

신선한 공기의 향기

뇌우가 지나간 뒤에는 호흡이 수월해진다. 투명한 공기에는 마치 신선함이 충만해 있는 것 같다.

이것을 시적인 표현이라고만 말할 수는 없다. 번갯불이 치고 번쩍하고 방전이 일어나면 공기 속에 오존이 발생한다. 이것이 공기를 깨끗이 한다.

오존도 산소원자로 이루어져 있다. 다만 산소분자는 산소원자를 2개 함유하고 있는 데 비해, 오존분자는 산소원자 3개를 함유하고 있다. 즉 O_2와 O_3의 차이다.

산소원자가 1개쯤 많건 적건 큰 차이가 없을 것이라고 생각할지 모른다. 그런데 그 차이는 엄청나게 크다. 오존과 산소는 생판 다른 물질이다.

산소가 없으면 생물은 살아갈 수 없
다. 반대로 오존은 농도가 짙으면 어떤
생물이건 죽이고 만다. 오존은 플루오
린 다음으로 강한 산화제이다. 오존은
유기물과 화합해서 순식간에 그것을 파
괴해 버린다. 금과 백금을 제외하면 오
존의 작용은 어떤 금속이든 금방 산화
물로 바꾸어 버린다.

그러나 오존에는 선과 악의 양면이
있어서, 생물을 죽이는 동시에 지구상의 생명의 존재를 여러
가지로 도와주고 있다.

이 패러독스는 쉽게 풀린다. 태양광선은 균일한 것이 아니라
이른바 자외선을 포함하고 있다. 만약 이 자외선이 모조리 지
표에 도달한다고 하면 지구상의 생명은 멸망하고 만다. 왜냐하
면 자외선은 거대한 에너지를 가지고 있어 생물에게는 치명적
이기 때문이다.

그런데 고맙게도 자외선은 그 극히 일부만이 지표에 도달할
뿐 대부분의 자외선은 높이 20~30㎞의 상공에서 그 힘을 잃고
만다. 이 정도 높이의 대기에는 다량의 오존이 함유되어 있는
데, 다름 아닌 그 오존이 자외선을 흡수해 버리기 때문이다.

그런데 사람들은 지상에서도 오존을 필요로 하고 있다. 그것
도 대량으로 말이다.

사람들—우선 첫째로 화학자들—은 수천 톤, 수만 톤의 오존을
필요로 하고 있다.

오존의 놀라운 산화력이 화학공업에서 활용될 것이 틀림없다.

석유공업에서도 오존에 의존하고 있다. 대부분 유전(油田)의 석유는 황(S)을 함유하고 있는데, 이 같은 황을 함유하는 석유는 이를테면 발전소 보일러의 연소실을 금방 못쓰게 만들어 버리는 등의 귀찮은 문제를 일으키기 쉽다. 오존의 도움을 빌면 이와 같은 석유의 황분을 제거할 수 있을 것이다. 그리고 이 황을 써서 황산의 생산을 3배까지는 못되어도 2배로는 할 수 있을 것이다.

우리는 염소로 소독한 수돗물을 마시고 있다. 수돗물은 해가 없으나 그 맛은 샘물 같지가 않다. 오존으로 처리한 음료수 속에서는 병원균이 완전히 사멸되어 있다. 더욱이 염소의 꺼림칙한 맛도 없다.

오존은 낡은 자동차의 타이어를 회생시키거나, 직물이나 섬유를 표백하거나 할 수 있다. 그 밖에도 여러 가지 일을 할 수 있다. 그렇기 때문에 과학자와 기술자는 강력한 공업적 오존발생기(Zoonizer)를 만들어 내려 하고 있다.

보다시피 O_3는 중요성에 있어서는 O_2에 조금도 못지않다.

4개의 산소원자로 이루어지는 O_4라는 분자도 알려져 있다. 하기야 이 '4중주(Quartet)'는 극히 불안정하며, 그 성질에 대해서는 아직 어떤 것인지를 알지 못하고 있다.

가장 간단하고 가장 놀라운 것

전쟁 전의 일이지만 〈볼가, 볼가(Volga, Volga)〉라는 유쾌한 희극영화가 상영된 적이 있다. 그 영화에 물을 운반하는 늘 명랑하기만 한 사람이 둔한 말에 채찍질을 하면서 노래를 부르는 장면이 있다.

왜냐하면 물이 없기 때문이야.

이리로 비틀비틀, 저리로 비틀비틀…….

관객은 웃었고, 주제가는 굉장한 유행을 가져왔다.

그러나 이 느긋한 가락에는, 철학자의 말을 빌면 심오한 뜻이 숨겨져 있었다.

왜냐하면 생명에 있어서 물은 무엇보다도 제일 필요한 물질이기 때문이다. H_2O, 즉 산소원자 1개 플러스 수소원자 2개. 아마 누구든지 맨 처음에 배우게 되는 화학식이 아닐까. 갑자기 물이 없어진다면 지구가 어떤 모양을 드러내게 될 것인지를 상상해 보라.

해구(海構)에는 어둡게 패인 곳이 나타나고, 거기에는 일찍이 물에 녹아 있던 염류(道類)의 두꺼운 층이 형성될 것이다. 바싹 마른 강바닥, 영원히 침묵에 잠겨 버릴 샘. 암석은 먼지가 되어 훌훌 흩어져 날아갈 것이다. 대량의 물이 그 조성에 들어가 있었기 때문이다. 수풀도 꽃도 생물도, 죽어버린 지구에서는 전혀 볼 수 없게 될 것이다. 그리고 머리 위에서는 일찍이 본 적도 없는 음산한 색깔의 맑게 갠 하늘이 펼쳐져 있으리라.

물은 가장 간단한 화합물이라고 해도 되겠지만, 그것 없이는 어떤 생물도—이성(理性)이 있는 것이건, 없는 것이건 간에—존재할 수가 없다.

도대체 무슨 까닭에서일까?

무엇보다도 물은 이 세상에서 가장 놀라운 화합물이다.

스웨텐의 과학자 셀시우스(A. Celsius, 1701~1744)가 자신의 온도계를 발명했을 때 두 가지 값, 즉 두 가지 상수—물의 끓는 점과 어는점—를 눈금의 기준으로 삼았다. 그는 끓는점을 100

도, 어는점을 0도로 생각하고, 그 사이를 100등분했다. 이리하여 온도를 측정하기 위한 최초의 계기 '섭씨온도계'가 세상에 등장했다.

그러나 만약 셀시우스가 사실은 물이 0도보다 더 낮은 온도에서 얼어야 하고, 100도보다 낮은 온도에서 끓는다는 사실을 알고 있었더라면 어떻게 되었을까?

현대의 과학자는 이 경우 물이 위대한 사기꾼의 역할을 하고 있다는 것을 알고 있다. 물은 이 세상에서 가장 변칙적인 화합물이다.

과학자의 말에 따르면, 물은 더 낮은 온도에서 즉 −80도에서 끓기 시작할 것이라고 한다. 주기율표를 지배하고 있는 법칙에 따른다면, 물은 남극과 같은 낮은 온도에서 끓을 것이다.

주기율표의 각 족에 속해 있는 원소의 성질은, 가벼운 원소에서부터 무거운 원소로 옮겨감에 따라 상당히 변칙적으로 변화하고 있다. 이를테면 끓는점이 그러하다. 화합물의 성질도 대체로 마찬가지로 변화한다. 화합물의 성질은 분자를 구성하고 있는 원소의 주기율표에서의 위치와 관계가 있다. 같은 족에 속하는 원소의 수소화물의 성질도 그러하다.

물은 산소의 수소화물이라고 할 수 있다. 산소는 VI족의 일원이다. 여기에 배치되어 있는 것은 황, 셀레늄(Se), 텔루르(Te), 폴로늄(Po)이다. 이들 수소화물의 분자는 물의 분자와 마찬가지로 구성되어 있다. 즉 H_2S, H_2Se, H_2Te, H_2Po이다. 각각의 끓는점이 알려져 있지만, 어느 것도 다 황에서부터 무거운 쪽으로 옮겨가는 데 따라 꽤나 규칙적으로 변화해 간다. 이 끓는점의 계열에서 본다면, 물의 끓는점은 상당히 낮은 데에 있을 것이다. 그러나 물은 주기율표를 위해서 제정된 행동규범을 존중하려 들지 않는 것 같다. 증기상태로 옮겨가는 온도, 즉 끓는점을 규칙보다 180도나 더 높여 놓고 있다. 이것이야말로 물의 첫 번째로 놀랍고도 기묘한 성질이다.

두 번째로 이상한 성질은 그 빙결(氷結)과 관계되어 있다. 주기율표의 규칙이 규정하고 있는 바에 따르면, 물은 −100도에서 얼기 시작할 것이다. 그런데도 물은 이 요구를 단호히 배격하고 0도에서 얼음으로 바뀐다.

이 물의 제멋대로인 성질이 흥미로운 결과를 가져다주고 있다. 지구상에서 물이 액체와 고체의 상태로 되는 것은 정상이 아니다. '규정'에 따른다면 물은 증기로서만 존재해야 한다. 물의 성질이 주기율표의 엄격한 규정을 따르고 있는 세상이 어떤 세상인지를 상상해 보라. 이 독특한 사실은 공상가에게 있어서는 재미있는 SF를 쓰기 위한 풍요로운 토양이 될 것이다. 우리에게 있어서—과학자에게도 마찬가지이지만—이 사실은 주기율표가 매우 복잡한 건물이라고 하는 확신을 굳혀 준다. 이 건물의 거주자들의 성격은 우리 인간의 성격과 마찬가지여서, 간단히 일정한 테두리 속에 묶어 놓을 수가 없다. 물은 제멋대로의 성격을 지니고 있다.

그렇다면 그것은 어떤 까닭에서일까?

물의 분자는 특별한 형태로 만들어져 있고, 그 때문에 서로 끌어당기는 힘이 이상하게도 강하다. 물의 단독분자를 찾는다고 한들 그것은 헛수고이다. 그들은 늘 그룹을 형성하고 있으며, 과학자는 이것을 회합(會合 : 같은 종류의 분자가 느슨하게 결합하여 한 개의 분자처럼 행동하는 현상)이라고 부르고 있다. 그리고 물의 분자식은 $(H_2O)_n$으로 쓰는 것이 옳을 것 같다. 여기서 n은 회합해 있는 분자의 수를 나타내고 있다.

물분자끼리의 회합의 결합을 분리한다는 것은 매우 힘들다. 그 때문에 물은 기대 이상의 훨씬 높은 온도에서 얼거나 끓거나 한다.

완전하게 얼지 않는 강

1912년, 슬픈 뉴스가 온 세계를 발칵 뒤집어 놓았다. 대서양 항로의 거대한 호화 여객선 '타이타닉(Titanic)호'가 빙산과 충돌하여 침몰한 것이다. 전문가들은 파국의 원인을 여러 가지로 설명했다. 일치된 의견은 안개 때문에 선장이 떠돌아다니는 거대한 빙산을 발견하지 못해, 이것과 충돌해서 배가 침몰했다는 것이었다.

만약 우리가 이 비통한 사고를 화학자의 눈으로써 관찰한다면 매우 뜻밖의 결론에 도달하게 된다. 즉 타이타닉호는 물의 또 하나의 이상한 성질 때문에 희생된 것이다.

무서운 얼음덩어리—빙산—는 코르크처럼 물 표면을 떠돌아다니고 있다. 빙산의 무게가 수만 톤이나 되는데도 말이다.

모든 것의 원인은 얼음이 물보다 가볍다는 데에 있다.

임의의 금속을 녹여 그 용해물(融解物) 속에 같은 금속 한 조각을 던져 넣어 보자. 그 금속은 순식간에 가라앉아 버린다. 어떤 물질이든지 그 고체는 액체보다 큰 밀도를 지니고 있다. 얼음과 물은 이 법칙의 놀라운 예외이다. 만약 이런 예외가 없다면 연못의 물은 바닥까지 꽁꽁 얼어붙어 버릴 것이다. 그리고 연못에 사는 생물은 죽고 말 것이다.

러시아의 시인 네크라소프(N. A. Nekrasov, 1821~1878)의 시를 상기해 보자.

꽁꽁 얼어붙지 않은 작은 시내

마치 비밀의 설탕알처럼…….

추운 겨울이 오고, 얼음이 어는 북극에서는 강 위로 겨울의 길이 트인다. 그러나 얼음의 두꺼운 층 밑에는 변함없이 물이

흐르고 있다. 강바닥까지는 얼지 않는 것이다.

얼음—물의 고체—은 특히나 별난 물질이다. 얼음에는 몇 가지 종류가 있다. 천연으로 알려져 있는 것은 그중의 하나로 0도에서 녹는다. 실험실의 과학자들은 큰 압력을 이용해서, 나머지 여섯 종류의 별종 얼음을 만들었다. 그중에서도 가장 불가사의한 얼음(얼음 Ⅶ)은 21,700기압이라는 압력 아래서 발견된 것으로, 새빨갛게 달아오른 얼음이라고 해야 할 것이다. 이것은 압력 32,000기압, 온도 +192도에서 녹는다.

얼음이 녹는 광경은 매우 예사로운 일처럼 생각될지 모른다. 그런데 이때 실로 놀라운 일이 일어난다.

고체인 물질은 어떤 것이든지 녹은 뒤에는 팽창을 시작한다. 그러나 얼음이 녹아서 된 물은 전혀 색다른 행동을 한다. 물은 수축되고, 만약 계속해서 자꾸만 온도가 올라간다면 그때에만 팽창하기 시작한다. 이 원인도 역시 물분자의 상호인력이 강하기 때문이다. 이 인력은 +4도에서 특히 강하게 나타난다. 그 때문에 물은 이 온도에서 가장 큰 밀도를 가지며, 또 같은 이유로 강이나 연못, 호수는 겨울의 혹독한 추위에서도 얼지 않는 것이다.

사람은 누구나 봄이 오면 기뻐하고, 황금에 물든 가을의 아름다운 나날에 넋을 잃는다. 봄에 눈이 녹는다는 것은 기쁜 일이요, 가을의 숲은 단풍이 아름답다.

그러나 여기에도 역시 물의 변칙적인 성질이 나타나 있다.

얼음을 녹이는 데는 많은 열이 필요하다. 같은 양의 다른 물질을 녹일 때와는 비교도 안될 만큼 많은 열이 필요하다.

얼음이 얼 때, 이 열은 다시 방출된다. 얼음은 눈과 열을 본

디로 되돌려 놓아 지면과 공기를 데운다. 얼음과 눈은 추운 겨울로 옮겨 가는 급격한 변화를 완화시켜 주고, 가을이 몇 주간쯤 군림하도록 허용한다. 그리고 봄에는 눈이 녹으면서 더위가 갑자기 닥쳐오는 것을 막아 주고 있다.

지구상에는 몇 종류의 얼음이 있을까?

과학자는 자연계에서 세 종류의 수소의 동위원소를 발견했다. 이 세 종류의 동위원소는 각각 산소와 화합할 수 있다. 따라서 프로튬의 물(H_2O), 중수소의 물(D_2O), 삼중수소의 물(T_2O)이라는 세 종류의 물이 되는 것이다.

그런데 물분자의 조성, 이를테면 프로튬원자와 중수소원자 또는 중수소원자와 삼중수소원자가 들어 있는 '혼합수'도 있을 수가 있다. 즉 물의 명부에는 HDO, HTO, DTO 등도 보태지 않으면 안 된다.

그런데 물의 조성에 들어 있는 산소도 역시 산소 16, 산소 17, 산소 18이라고 하는 세 종류의 동위원소의 혼합물이다. 이 중에서 가장 많은 것이 산소 16이다.

산소의 이 동위원소들을 고려에 넣는다면 물의 종류는 더욱 늘어난다. 호수나 강에서 컵 한 잔의 물을 폈을 때, 18종류나 되는 물을 손에 들고 있으리라고는 아마 상상도 못했을 것이다.

이런 까닭으로 어디서 푸든, 물은 다른 분자의 혼합물인 것이다. 가장 가벼운 $H_2^{16}O$에서부터 가장 무거운 $T_2^{18}O$까지 화학자는 18종류의 물을 각각 순수한 것으로 만들 수 있다.

수소의 동위원소는 그 성질에 두드러진 차이가 있었는데, 종류가 다른 물의 행동은 과연 어떠할까? 역시 서로 닮지 않은 점이 몇 가지 있다. 이를테면 밀도와 어는점, 끓는점이 다르다.

또 동시에 자연계에 있는 여러 가지 물의 비중은 장소에 따라 시간에 따라 달라진다.

이를테면 수돗물에는 무거운 중수소의 물이 1t당 150g이 함유되어 있다. 그런데 태평양의 물에서는 이보다 **훨씬** 더 많은데, 약 165g이다. 코카서스의 빙하 얼음 1t에는 같은 양의 시냇물보다 7g의 중수(重水)가 더 많이 함유되어 있다. 요컨대 물은 동위원소 조성이라는 점에서 또 장소에 따라 다르다.

어째서 이런 일이 일어나느냐고 하면, 자연계에서는 웅대한 동위원소 교환과정이 부단히 일어나고 있기 때문이다. 여러 가지 조건 아래서 수소와 산소의 여러 가지 동위원소가 끊임없이 교체되고 있는 것이다.

이렇게도 많은 변종을 가진 천연화합물이 이 밖에도 또 있을까? 없다. 물 이외에는 없다.

물론 우리는 주로 프로튬수와 친숙하다. 그러나 다른 물도 가볍게 보아 넘겨서는 안 된다. 특히 중수 D_2O는 실제로 널리 이용되고 있다. 우라늄의 핵분열을 일으키는 중성자를 감속하기 위해서 원자로에서도 쓰이고 있다. 그 밖에 과학자는 여러 종류의 물을 동위원소화학의 연구에 이용하고 있다.

그렇다면 18종류뿐이고 그 이상은 없을까? 사실은 훨씬 더 많이 있을 수가 있다는 것을 알고 있다. 그것은 산소의 천연 동위원소 말고도, 인공적으로 만들어진 방사성 동위원소 산소 14, 산소 15, 산소 19, 산소 20이 있기 때문이다. 한편 최근에는 수소의 종류도 새로이 불어났다. 수소 4와 수소 5에 대해서는 앞에서 언급했다.

　수소와 산소의 인공 동위원소를 계산에 넣는다면, 물의 명부에는 100개 이상의 이름이 줄을 잇게 된다. 당신은 그 수를 모조리 헤아릴 수 있을는지…….

‘생명을 부여하는’ 물

　‘생명을 부여한다’ 또는 ‘생명을 소생시킨다’라는 물에 관한 이야기는 여러 나라의 전설을 통해서 전해져 왔다. 이 물은 상처를 아물게 하고, 죽은 사람을 소생시켰다. 겁쟁이에게는 용기를 북돋아 주었고, 용사의 힘을 수백 배로 높여 주었다.

　사람들이 물에 대해서 이 같은 기적적인 성질을 부여한 것은 결코 우연이 아니다. 우리가 지구상에 살고 있는 것도, 푸른 숲과 꽃이 자라는 아름다운 들판이 우리 주위를 둘러싸고 있는 것도, 또 여름에는 보트를 타고 빗속을 뛰어다니고, 겨울에는 스케이트와 스키 경기에 참가할 수 있는 것도 모두 물의 혜택이다. 더 정확하게 말하면 물분자가 서로 끌어당겨서 회합을 만드는 힘을 지니고 있는 덕분이다. 이것은 지구에 생명을 낳게 하고 발달하게 하는 조건의 하나이다.

　지구의 역사는 우선 무엇보다도 물의 역사라고 할 수 있다. 물은 끊임없이 지구의 외모를 바꾸어 왔고 지금도 바꾸어 가고 있다.

　물은 이 세상에서 가장 뛰어난 위대한 화학자이다. 자연계의 과정은 어느 하나인들 물의 참가 없이 이루어지는 것이 없다. 새로운 암석이나 새로운 광물의 생성, 또는 식물이나 동물의 체내에서 진행되는 복잡한 생화학적 반응만 하더라도 모두가 그러하다.

　실험실의 화학자도 물이 없이는 아무것도 만들어내지 못한
다. 물질의 성질이나 그 변화를 연구하거나, 새로운 화합물을
만들거나 할 때에도 물이 없어도 되는 일이라고는 극소수의 예
외뿐이다. 물은 알려진 용매 중에서도 가장 좋은 것 중 하나이
다. 여러 가지 물질을 반응케 하기 위해서는 먼저 그 물질을

용액으로 만들어야 한다.

물질이 물에 녹으면 어떤 일이 일어날까? 물질의 표면에서 분자나 원자 사이에 작용하고 있는 힘이 물속에서는 수백 분의 1로 약해진다. 물질의 분자나 원자는 표면에서 떨어져 나가 물 속으로 옮겨가기 시작한다. 컵 속의 홍차에 넣은 한 덩이의 설탕은 낱낱의 분자로 분리된다. 식염은 하전입자(荷電紀子)—나트륨이온과 염소이온—로 분리된다. 물분자는 녹인 물체의 원자나 분자를 자기 쪽으로 강하게 끌어당기게 되어 있다. 이 힘이 다른 많은 용매에 비해 훨씬 강하다.

지구상에는 물의 파괴작용에 대항할 수 있을 만한 암석이 없다. 화강암조차도 서서히기는 하지만 물의 작용을 받지 않고는 배겨나지 못한다. 물에 녹여진 물질은 바다로 운반된다. 이것이 바닷물을 짜게 만드는 원인이다. 수억 년이나 전의 바닷물은 민물이었다.

고드름의 비밀

아이들은 고드름을 보면 금방 따려고 든다. 아름답고 깨끗하게 반짝이는 얼음막대기이기 때문이다.

고드름을 손에 넣은 아이들은 그것을 곧 입으로 가져간다. 고드름에도 맛이 있을까? 어쨌든 이런 놀이를 못하게 금지시키면 아이들은 무척 서운해 할 것이다.

이런 아이들의 놀이가 뭘 어쨌다는 것인가. 아니다. 사실은 매우 진지한 이야기를 하고 있는 것이다.

어느 연구실에서 병아리를 기르고 있었다. 한 그룹에는 용기에 보통 물을 붓고 다른 그룹에는 얼음덩어리가 떠 있는 얼음물을 담아 주었다.

실험은 매우 단순한 것이어서 별로 이렇다 할 것이 없다. 그런데 그 실험의 결과가 훌륭했다. 보통 물을 붓고 다른 그룹에는 얼음덩어리가 떠 있는 얼음물을 담아 주었다.

실험은 매우 단순한 것이어서 별로 이렇다 할 것이 없다. 그런데 그 실험의 결과가 훌륭했다. 보통 물을 준 쪽의 병아리는 조용히 침착하게 물을 먹고 있었으나, 찬 얼음물이 든 용기 주변에서는 서로 쪼아대며 소동이 벌어졌다. 병아리는 얼음물이 마치 특별한 맛이라도 있듯이 기꺼이 마셔대고 있었다.

한 달 반이 지난 뒤, 실험용 병아리의 체중을 달아 보았다. 얼음물을 마신 병아리는 보통 물을 준 병아리보다 체중이 불어나 있었다.

한마디로 말해서 얼음물은 이상한 성질을 가지고 있다. 얼음물은 생체에 매우 유익하다. 도대체 어쩐 까닭일까?

처음에는 얼음물에는 중수소가 많이 함유되어 있기 때문일 것이라고 생각되었다. 저농도의 중수는 생체의 성장에 좋은 영향을 미치는 것이라고 믿었다. 그러나 이 성질은 그리 정확한 것이 못된다.

지금은 얼음의 용해과정 자체에 수수께끼의 해답이 있는 것 같다고 생각되고 있다.

얼음은 결정구조를 가지고 있다. 그런데 물도 어떤 종류의 구조를 형성하고 있으며, 그것은 대개의 경우 액정(液晶)이라고 부른다. 물분자는 무질서하게 배열되어 있는 것이 아니라 질서정연한 구조를 하고 있다. 물론 얼음의 경우와는 다르지만 말이다.

얼음이 녹을 때, 그 구조는 금방 파괴되어 버리지 않고 얼마 동안은 그대로 유지하고 있다. 얼음물은 겉보기로는 액체이지만, 그 분자는 아직도 '얼음 형태의' 배치를 취하고 있다. 이 때문에 화학적인 활성이 높아져 있는 듯하다. 얼음물은 여러 가지 생화학 반응을 일으키기가 매우 쉽다. 생체 내에서 얼음물은 보통 물보다 여러 가지 물질과 화합하기 쉬운 것이다.

생체 내의 물의 구조는 얼음의 구조와 매우 닮은 것 같다. 생체로 들어간 보통 물은 분자의 배열을 바꾸어야 한다. 그런데 얼음물의 경우에는 그럴 필요가 없다. 생체는 여분의 에너지를 쓰지 않아도 된다.

생명에 있어서 얼음물의 역할은 매우 큰 것이라고 생각된다.

'두 가지 큰 차이'

낱말이 없으면 말이란 존재하지 않으며, 문자가 없으면 낱말이 존재하지 못한다. 어떤 외국어를 배울 때라도 먼저 알파벳부터 시작한다. 알파벳 문자는 두 가지 종류, 즉 모음과 자음으로 나누어진다. 그렇지 않으면 인류의 언어는 무질서하게 되어 버린다.

자연은 화합물의 말로써 우리와 대화를 한다. 이 말의 어느 것도 다 화학의 '문자'의 독특한 조합으로 이루어져 있다. 지구에 있는 원소의 조합이다. 이와 같은 화학의 '낱말'의 수는 300만을 훨씬 넘고, 화학의 '알파벳' 문자는 모두 해서 약 100개다.

이 알파벳에는 모음과 자음의 '문자'가 있다. 화학원소는 모두 오랜 옛날부터 비금속과 금속의 두 그룹으로 나누어져 왔다.

비금속은 금속에 비해 그 수가 훨씬 적다. 이 두 개의 비율은 농구의 스코어처럼 21 : 83으로 나타내어진다. 인간의 말과 마찬가지로 모음은 자음보다 훨씬 적다.

인간의 언어에서는 모음의 조합은 무엇인가 똑똑한 사항을 나타내는 것이 드물고, 대개의 경우 이와 같은 조합은 의미가 없는 으르렁거림과도 같은 것이 된다.

그러나 화학의 언어에서는 '모음'(비금속)만의 화합물이 도처에 있다. 지구 위의 모든 생물의 존재는 다름아닌 이 화합물─비금속끼리의 화합물─ 덕분이다.

과학자들이 네 가지의 중요한 비금속─탄소, 질소, 산소, 수소─를 오르가노젠(Organogen)이라 부르는 것도 수긍이 가는 일이다. 오르가노젠이란 유기적 생명의 기초를 이루고 있는 것이라는 뜻이다. 이것에 인과 황을 보탠 여섯 종류의 '블록'을 준비하면, 자연이 단백질이나 탄수화물, 지방이나 비타민─요컨대 생명의 모든 화합물을 만드는 데 이용하는 재료가 모조리 갖추어지는 것이 된다.

산소와 규소라고 하는 두 종류의 비금속(화학의 '알파벳'의 두 개의 '모음')이 결합하면 화학의 언어로는 SiO_2로 표기되는 물질, 즉 이산화규소가 된다. 이 물질은 대지의 기초의 또 그 기초가 되는 암석이나 광석이 흩어져 버리지 않게 단단히 굳혀주고 있는 독특한 시멘트인 것이다.

화학의 '알파벳'의 모음의 명부를 완성하는 일은 그다지 어려운 일이 아니다. 이 명부에는 나머지 할로겐과 0족의 비활성 기체(헬륨과 그 무리들), 거기에다 그리 널리 알려져 있지 않은 세 가지 원소, 즉 붕소(B), 셀레늄, 텔루르가 포함되어 있다.

그러나 지구상의 생물이 비금속만으로 이루어져 있다고 잘라 말해 버린다면 그것은 잘못이다.

과학자는 인간의 체내에 70종류 이상의 여러 가지 화학원소가 함유되어 있다는 것을 발견했다. 비금속 전부와 철에서부터 시작해서 방사성원소에 이르는 수많은 금속이 함유되어 있다.

언어학자는 훨씬 전부터 왜 인간의 언어에는 자음보다 모음이 적을까 하는 문제를 연구하고 있다. 화학자들은 어떤 이유로 주기율표에 '두 가지의 큰 차이'—비금속과 금속—가 있느냐는 문제와 씨름하고 있다. 비금속끼리 또는 금속끼리에서도 얼토당토않은 원소가 있기는 하지만 그래도 역시 어딘가 닮은 데가 있는 것이다.

왜 '두 가지의 큰 차이'가 있을까?

일찍이 어떤 사람이 농담 삼아 이런 말을 했다. 인간과 동물이 다른 것은 우선 무엇보다도 두 가지 주목할 성질—유머와 역사적 체험의 인식—에 의한다. 그러므로 인간은 자기 자신의 실패를 웃어넘겨 버릴 수가 있고, 같은 실패를 되풀이해서 곤란에 빠지는 일이 없다……라고. 또 하나의 성질은 무엇일까? 그것은 자신에게 '왜?'라는 문제를 부과하고 이것에 대답하려는 성질이다.

이 '왜?'라는 말을 많이 활용하기로 하자.

이를테면 왜 비금속은 커다란 집의 여러 층과 구역으로 분산하지 않고, 일정한 장소에만 뭉쳐 있을까? 금속과 비금속에는 어떤 차이가 있을까? 나중에 '왜?'에서부터 시작하기로 하자.

두 개의 원소(어떤 원소라도 좋다)가 화학작용을 일으키면, 그들 원자의 바깥쪽 전자껍질이 개조된다. 한쪽 원소의 원자는 전자를 주고, 다른 쪽 원소의 원자는 전자를 받아들인다.

이 가장 중요한 화학법칙 속에 금속과 비금속의 구조 차이가 숨겨져 있다.

비금속에는 이것과는 다른 작용을 일으키는 능력도 있다. 즉 법칙 그대로라면 비금속은 전자를 획득하는 것이지만, 한편으로 전자를 줄 수도 있다. 비금속의 행동에는 상당한 탄력성이 있어서 상황에 따라 자신의 성질을 바꿀 수가 있다. 전자를 받아들이는 편이 유리할 때 비금속은 마이너스의 이온으로서 나타난다. 반대일 경우에는 플러스의 이온이 탄생한다. 플루오린과 산소만이 타협할 줄을 모르고 전자를 받아들이기만 할 뿐 결코 주는 일이 없다.

금속은 달리 예를 찾아볼 수 없을 만큼 '외교적 수완'이 부족하고 자신의 성격에 충실하다. 그들이 무조건으로 따르고 있는 신조는 전자를 주라, 그저 단순히 주기만 하라는 것뿐이다. 즉 플러스에 대전한 이온이 되는 것이다. 여분의 전자를 획득하는 것은 전혀 질색이다. 금속원소의 행동철칙은 이와 같은 것이다. 여기에 금속과 비금속의 기본적인 차이가 있다.

그러나 캐묻기를 좋아하는 화학자들은 이 엄격한 법칙에서도 예외를 발견했다. 금속사회에도 변덕이 심한 성격자가 있었던 것이다. 두 개의 금속이 '비금속적'인 성질을 나타낸다. 아스타틴(At)과 레늄(Re)(그들은 주기율표의 85번과 75번의 방에 살고 있다)이 −1가의 이온으로서 알려져 있다. 이 사실은 놀라우리 만큼 명확한 의지를 지닌 금속가족에게 작은 그림자를 던져 주고 있다…….

그런데 일반적으로 어떤 원자가 전자를 주기 쉽고, 어떤 원자가 받아들이기 쉬울까? 바깥쪽 전자껍질, 즉 외각에 전자가 적은 원자에 있어서는 전자를 주는 편이 유리하고, 외각의 전자가 많은 원자에 있어서는 외각에 8개의 전자를 갖게끔 전자를 받아들이는 편이 유리하다. 알칼리금속은 외각에 단 한 개의 전자를 가졌다. 이들 금속에 있어서는 전자와 헤어진다는 것은 아무것도 아니다. 전자가 나가 버리면 제일 가까운 비활성 기체의 안정된 전자껍질이 나타난다. 이 때문에 알칼리금속은 알려진 모든 금속 중에서 화학적으로 가장 활발하다. 그리고 유별나게 '제일' 활발한 것은 프랑슘(87번)이다. 족 가운데서 원소가 무거워지면 무거워질수록 원자의 크기가 불어나고, 외각의 단 한 개의 전자를 떠받쳐 주고 있는 힘이 약해지기 때문이다.

비금속의 왕국에서는 플루오린이 가장 광폭하다. 플루오린의 외각에는 일곱 개의 전자가 있다. 평온무사한 생활을 보내기 위해서는 마침 8번째의 전자가 부족하다. 그래서 플루오린은 주기율표의 어느 원소에게서나 탐욕스럽게 전자를 약탈하며, 어떤 것도 이 플루오린의 사나운 습격에는 저항할 수가 없다.

다른 비금속도 어떤 것은 수월하게, 또 어떤 것은 힘들여 전자를 받아들인다. 이렇게 해서 지금, 왜 비금속이 주로 주기율표의 오른쪽 구석 위에만 몰려 있는지를 알았다. 비금속은 외각에 많은 전자를 가졌고, 이와 같은 광경은 주기의 끝 가까이에 있는 원자에서만 볼 수 있는 일이기 때문이다.

나머지의 두 가지 '왜?'

지구 위에 금속이 이토록 많고 비금속이 이렇게도 적다는 것은 어찌된 까닭일까? 또 금속이 비금속과 비교해서 서로 많이 닮았다는 것은 어찌 된 까닭일까? 이를테면 황과 인 또는 아이오딘(I)과 탄소를 외관상으로 구별하기란 그리 어렵지 않다. 그러나 아무리 경험이 많은 사람이라도 우리 앞에 있는 금속이 무엇인지, 나이오븀(Nb)인지 탄탈럼(Ta)인지 몰리브데넘(Mo)인지 텅스텐(W)인지를 정확히 한눈에 결정할 수 있는 것은 아니다.

……더해서 보태는 수의 순서가 바뀌더라도 그 합계에는 변함이 없다. 이것은 산수의 '철칙'이라 해도 된다. 그런데 화학에서는 원자의 전자껍질의 구조를 캐내어 가면서 생각할 때, 이 법칙이 그대로 적용되는 것이 아니다…….

주기율표의 제2주기와 제3주기의 원소를 다루는 동안에는 만사가 잘 풀려간다.

이 두 주기에 속하는 원소에서는 새로운 전자가 원자의 외각으로 들어간다. 외각에 전자가 순서대로 가산되면 이웃끼리의 원소라도 그 성질이 달라진다. 규소는 알루미늄을 닮지 않고 황은 인을 닮지 않는다. 금속적인 성질이 재빠르게 비금속적인 성질로 바뀌어 간다. 왜냐하면 외각의 전자가 많으면 많을수록 그 원자는 전자와 갈라서고 싶어하지 않기 때문이다.

그런데 제4주기에서는 어떨까? 칼륨과 칼슘은 전형적인 금속 이다. 그 뒤로는 계속해서 비금속이 나타나리라고 생각할 것이다.

그런데 막상 그렇게는 되지 않는다. 예상이 빗나간다. 그것은 스칸듐에서부터는 새로운 전자가 외각이 아니라, 하나 안쪽의 전자껍질로 들어가기 때문이다. '보태어지는 수'가 장소를 바꾸고 '합'도 바뀐 것이다. 원소의 성질이라고 하는 '합'이 바뀐 것이다.

외각의 하나 안쪽의 전자껍질은 보수적이다. 이 전자껍질은 외각에 비교하면, 원소의 화학적 성질에 미치는 영향이 작다.

그러므로 성질의 차이는 그렇게 크지 않다.

스칸듐은 3번째의 M껍질이 아직도 완성되어 있지 않다는 것을 '생각해 낸' 것 같다. M껍질에는 18개의 전자가 들어갈 터인데도 아직은 8개밖에 들어가 있질 않다. 10개가 모자라는 것이다. 칼륨과 칼슘은 이 사실을 완전히 '잊어버리고' 새로운 전자를 4번째의 N껍질에다 두었던 것이다. 말하자면 스칸듐에서부터 정의(正義)가 부활하기 시작하는 셈이다.

안쪽의 M껍질은 스칸듐에서 시작되는 10개의 원소로 메꾸어진다. 외각은 바뀌지 않은 채로 있다. 외각의 전자는 두 개뿐이고, 원자의 외구(外球)에 전자가 이와 같이 '근소'하다는 것은 금속의 특성이다. 이 때문에 스칸듐에서부터 아연까지의 '구간(區間)'에는 금속만 있다. 이들 원소가 화합할 때는 외각의 전자만이 관계하는 것일까? 외각의 전자는 두 개뿐이다. 이들 원소는 다른 원소와 작용할 때 이 두 개의 전자와 성큼 헤어지는데, 그뿐만 아니라 아직 완성되어 있지 않은 안쪽의 껍질로부터 전자를 빌어 오는 일도 서슴지 않는다. 이 때문에 이들 원소는 여러 가지 플러스의 원자가를 나타낼 수가 있다. 이를테면 망가니즈(Mn)는 2가, 3가, 4가, 6가 또 7가의 플러스 원자가를 나타낼 수 있다. 이것과 똑같은 광경을 주기율표의 다음 주기에서도 볼 수 있다.

이것이 왜 금속의 수가 이같이 많은가, 왜 금속은 비금속에 비해 서로 많이 닮았는가 하는 이유이다.

어떤 부조리

6가의 산소라는 것을 들어본 적이 있는가? 또 7가의 플루오린라는 것은 어떨까? 그런 것은 아무도 들어본 적이 없을 것이다.

우리는 비관론자라는 비판을 받고 싶지 않지만, 그렇더라도 플루오린의 이와 같은 이온화를 화학이 이용할 수 없다는 것만은 단언할 수 있다.

이들 원소에 있어서 이렇게도 많은 전자를 한꺼번에 방출하는 것은 매우 불리한 일이다. 8개의 전자를 함유하는 안정된 전자껍질을 만들기 위해서는 모자라는 2개 또는 1개의 전자를 받아들이는 편이 훨씬 더 수월하다. 따라서 산소가 플러스의 원자가를 나타낼 만한 화합물은 아주 조금밖에 알려져 있지 않다. 이를테면 F_2O라는 산화물을 얻고 있는데, 이 경우 산소는 플러스 2가로 되어 있다. 이 사실 자체가 매우 드문 일에 속한다. 플루오린이 플러스의 원자가를 가리키는 화합물이란 좀처럼 없다.

'커다란 집의 규칙'에는 다음과 같은 중요한 조항이 있다. 원소의 최대 플러스 원자가는 그 원소가 속해 있는 족의 번호와 같다는 것이다.

산소와 플루오린은 이 조항을 깨뜨리고 있다. 그런데도 불구하고, 그들은 각각 Ⅵ족과 Ⅶ족에 등록되어 있다. 그리고 그들의 전거(轉居)에 대해서는 한 번도 문제가 된 적이 없다. 다른 조항에 관한 한 산소와 플루오린의 화학적 행동은 커다란 집의 다른 층에 사는 그들의 무리인 동료의 생활방식과는 아무것도 다른 데가 없다.

그러나 역시 부조리임에는 틀림없다. 화학자들은 그것을 알고 있지만 별로 문제로 삼고 있지 않다. 왜냐하면 주기율표의 구조 자체에는 이 일로 해서 어떤 손해도 입고 있지 않기 때문

이다.

그런데 또 하나의 부조리가 있다. 이번에는 좀 복잡하다.

중세에는 광부들이 이따금 괴상한 광석을 발견하곤 하였다. 이 광석은 철광석과 흡사했으나 이상하게도 아무리 해도 그것으로부터 철을 녹여낼 수가 없었다. 광부들은 산의 요정—작은 도깨비(Kobold)와 늙은 악마(Nick)—이 심술을 부리고 있는 것이라고 생각했다.

물론 그 후에 작은 도깨비라든가 악마 따위는 아무 관계가 없다는 것을 알았다. 그들 광석에는 철이 함유되어 있지 않았고, 철을 닮은 다른 두 종류의 금속의 함유되어 있었다. 그러나 옛날의 오해에 연유해서 이들 금속에는 코발트와 니켈이라는 이름이 붙여졌다.

같은 중세 경에 남아메리카의 플라티노 델 핀트라는 강변에서 스페인의 침략자들이 어떤 산에도 녹지 않는 아름답게 번쩍이는 무겁고 기묘한 금속을 발견했다. 이 수수께끼의 금속은 플라티나(백금)라고 명명되었다. 300년쯤 지나서 자연계에는 늘 백금과 함께 다섯 가지의 동료들—루테늄, 로듐, 팔라듐, 오스뮴, 이리듐—이 산출된다는 것을 알았다. 이들 여섯 가지 희소 금속은 모두가 흡사하여 구별하기 어렵다. 이 사이좋은 한 무리의 금속에는 백금족원소라는 이름이 주어졌다.

그들도 역시 커다란 집에서 살게 하지 않으면 안 될 시기가 왔다. 이것이 얼마나 골칫거리였고 또 학자들이 많은 곤란을 극복하여 어떻게 이 문제에 결말을 지었는지 매우 흥미로운 이야기가 전개될 것이라고 기대할 것이다.

그러나 사실은 매우 간단한 일이었다.

건축에 있어서의 독창성에 대하여

어떤 통로도, 어떤 구획도 표준적인 설계도에 기초하여 똑같이 만들어져 있지만, 한 구획만은 건축방식이 다른 그런 집을 본 적이 있는가? 마치 그 한 구획만은 다른 창조력을 가진 다른 건축가가 세워 놓은 것과 같다.

여러분은 아마 이런 집과 마주친 적은 없었으리라고 생각된다.

그런데 주기율표라는 커다란 집은 마치 이것과 같은 재미있는 구조로 되어 있다. 멘델레예프는 주기율표의 한 구획만을 독특하게 만들었다. 사실을 말하면 그렇게 하지 않을 수가 없었던 것이다.

이 구획에는 주기율표의 Ⅷ족이 들어가 있고, Ⅷ족 원소는 3개씩 배치되어 있다. 거기에다 주기율표의 어느 층에도 들어가 있는 것이 아니라 대주기(大周期)에만 있는 것이다. 한 구획에는 철, 코발트, 니켈이 들어가 있고, 다른 두 구획에는 백금족원소가 들어가 있다.

멘델레예프는 이들 원소에게 가장 어울리는 장소를 찾아주려고 노력했지만 그런 장소가 없었다. 그래서 주기표에 추가로 Ⅷ족을 증축해야 했던 것이다.

왜 Ⅷ족을 증축했을까? 그때까지는 할로겐이 배치되어 있던 Ⅶ족이 마지막 족이었기 때문이다.

그러나 이 경우, 족의 번호는 순수하게 형식적인 것에 지나지 않는다. Ⅷ족의 플러스 8가라고 하는 원자가는 극히 드문 예외이며 결코 규정에 맞는 것이 아니었기 때문이다. 다만 루테늄과 오스뮴만이 가까스로 플러스 8가를 나타내며 불안정한 산화물 RuO_4와 OsO_4가 알려져 있다.

Ⅷ족의 나머지 금속은 화학자들의 노력에도 불구하고 이와 같은 '수준'에는 도달하지 않는다.

그 수수께끼를 풀어보기로 하자.

백금족원소는 화학반응을 좀처럼 일으키지 않는다. 그러므로 화학자들은 지금도 백금으로 만든 기구를 흔히 실험에 사용하고 있다. 백금과 그 무리들은 금속 중 '비활성 기체'와도 같은 것들이다. 늘 아름다운 금속의 광택을 지니고 있으므로 '귀금속'이라고 불린다. 그리고 자연계에는 유리된 단체(單體) 상태로 산출된다.

철은 어떤가? 보통, 철은 평균적인 화학적 활성을 가진 원소로서 행동하고 있다. 그런데 순수한 철은 매우 안정되어 있고 내구력이 있다. 사실을 말하면 이것은 아전인수(我田引水)일지 모른다. 금속뿐 아니라 아마도 많은 원소가 극히 순도가 높은 상태에서는 화학작용에 대해 큰 저항력을 지니고 있다.

백금족원소가 화학반응을 일으키기 어려운 '고귀한' 성질을 가졌다는 것은 그들 원자의 바깥쪽 전자껍질 탓이 아니라, 하나 더 안쪽의 전자껍질에 그 원인이 있다.

백금족원소의 원자에 있어서는 18개의 전자로 껍질을 채워 완성시키기 위해서는 나머지의 아주 근소한 전자가 있으면 된다. 18개의 전자를 가진 껍질도 매우 튼튼한 구조라는 것을 알고 있다. 이 때문에 백금족원소는 전자를 다른 것에 주기를 꺼

려한다. 그렇다고 해서 그들은 금속이기 때문에 다른 데서 전
자를 받아올 수도 없다.

이와 같은 '어정쩡한 불결단(不決斷)'이 모든 것을 설명해 주
고 있다.

그렇지만 Ⅷ족은 주기율표의 논리와는 잘 일치하지 않고 있
다. 이와 같은 부조리를 제거하기 위해 Ⅷ족과 0족을 하나로
통합해 버리면 어떠냐는 제안이 있다.

이 제안이 얼마만큼이나 옳은지는 장래에나 밝혀지게 될 것
이다.

14형제

그들은 '란타니드(Lanthanide)', 즉 란탈럼(La)을 닮은 원소라
고 불린다. 이렇게 불리는 까닭은 그들—모두 14개—이 란탈럼
과 흡사하고, 더욱이 서로 식별이 안 될 만한 관계를 가졌기
때문이다. 이와 같이 놀라울 만큼 화학적으로 닮아 있기 때문
에, 그들은 모두 한방, 주기율표에서 57번째에 등록되어 있는
란탈럼의 방에 들어가 있다.

좀 이상하지 않은가? 멘델레예프 자신도 그 밖의 많은 화학
자들도 각각 원소의 성질은 독자적인 것이며, 주기율표의 각각
일정한 위치를 차지하는 것이라고 생각하고 있었다.

그런데 이 경우는 한방에 모두 15명의 거주자가 가득 처넣
어져 있고, 그들을 모두 제Ⅲ족, 제6주기의 원소라고 하는 것
이다.

그들을 다른 족으로 분류하려는 시도가 없었을까?

시도는 있었다. 대부분의 화학자가 시도했었고 그중에는 멘

멘델레예프도 있다. 세륨(Ce)을 Ⅳ족으로, 프라세오디뮴(Pr)을 Ⅴ족으로, 네오디뮴(Nd)을 Ⅵ족으로 하는 등의 시도가 있었다. 그러나 이와 같은 분배에는 어떤 논리도 인정할 수 없었다. 주기율표의 주아족(主亞族)과 부아족(副亞族)에는 비슷한 원소가 들어 있다. 그런데 세륨에는 지르코늄(Zr)과의 공통점이 거의 없고, 프라세오디뮴과 네오디뮴에는 나이오븀과 몰리브데넘을 닮은 데가 없다. 다른 희토류(稀土類)원소(란탈럼과 란타니드의 총칭)도 대응하는 족 중에서 친척을 발견할 수 없었다. 그런 대신 그들은 서로 쌍둥이처럼 닮은 것이다.

란타니드를 주기율표의 어느 방에 두었으면 좋겠느냐는 문제에 맞닥뜨렸을 때, 화학자들은 어찌할 것인가 하고 고개를 갸우뚱거렸다. 란타니드의 놀라운 유사성의 원인이 어디에 있는가를 알지 못하면 이 문제에는 대답할 수가 없는 것이다.

이 설명은 매우 간단하다는 것을 알았다.

주기율표에는 원자가 매우 독특하게 구성되어 있는 별난 원소족이 있다. 이들 원자에서는, 새로운 전자가 들어가는 것은 바깥쪽 전자껍질도, 하나 더 안쪽에 있는 전자껍질도 아니다. 이런 원소의 경우, 전자는 물리학의 엄격한 법칙에 따라서 안쪽의 전자껍질의 더 안쪽(바깥에서 세번째)의 전자껍질로 끼어든다.

새로운 전자들은 이 전자껍질에서 아주 만족하고 있다. 그리고 어떤 상황이 되더라도 자기 장소를 버리려 하지 않는다. 화학반응에 참가하는 일도 좀처럼 없다.

그런 까닭으로 모든 란타니드는 오로지 3가라는 것이 보통이다. 바깥쪽 전자껍질에 3개의 전자가 있기 때문이다.

란타니드가 14개이고 그 이상도 이하도 아닌 것은 역시 우연이 아니다. 전자의 수가 차례로 증가해 가는, 바깥에서부터 세 번째 안 전자껍질에는 아직 완성되지 못한 채로 남아 있는 빈자리 14개가 있기 때문이다.

이리하여 화학자들은 모든 란타니드를 란탈럼과 함께 단 1개의 방에다 둘 수 있는 것이라고 생각했던 것이다.

금속의 세계와 그 패러독스

주기율표의 원소 중 80종 이상이 금속이다. 전체적으로 그들은 비금속의 경우보다도 서로 많이 닮아 있다. 그러나 금속의 왕국에는 뜻밖의 일도 많다.

이를테면 여러 가지 금속의 색깔은 어떠할까?

야금학자(冶金學者)들은 태연하게 흑색금속과 유색금속이 있다고 말한다. 흑색금속이라는 것은 철과 그 합금을 말한다. 유색금속이라는 것은 귀금속—은(Ag), 금(Au), 백금 및 그 무리의 '귀한 분들'—을 제외한 나머지 금속 전체를 말한다.

이것은 대충 분류한 방법이고, 금속 자체는 이와 같은 균등화(均等化)에 반대적인 행동을 일으키고 있다.

금속은 각각 특유한 색채를 지니고 있다. 거무칙칙하거나 광택이 없거나 은색으로 번쩍이거나 하지만 그 밑바닥에는 늘 일정한 색깔이 있다. 과학자들은 매우 순수한 상태의 금속을 연구하여 이것을 확신했다. 금속의 대부분은 공기 속에 방치되면 조만간에 산화물의 엷은 막으로 덮이기 때문에, 진짜 색깔이 감춰져 버린다. 순수한 금속은 매우 풍부한 색조를 지니고 있다. 그리고 주의 깊게 관찰하면 금속이 푸르스름하거나 하늘색이 감돌거나 푸른색이 돌거나 또는 불그레하거나 황색을 띠고

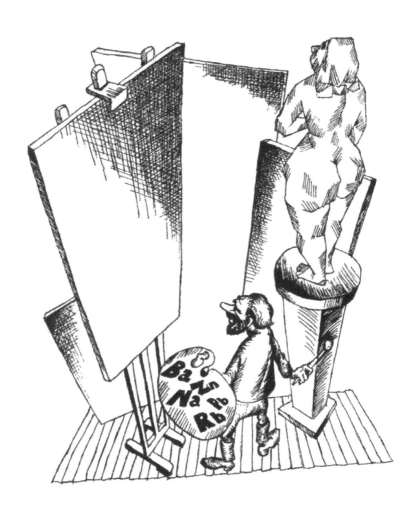

있거나를 식별할 수가 있다. 흐리고 어둠침침한 가을날의 바닷물 같은 암회색 금속과, 마치 거울처럼 일광을 반사하여 은빛으로 반짝이는 금속을 구별할 수가 있다.

금속의 색깔은 여러 가지 일과 관계되고 있다. 가공법과의 관계도 여기에 포함된다. 금속입자의 소결에 의해서 얻은 금속

과 같은 금속이라도 주괴(鑄塊 : 금속을 녹여서 고화한 것)로써 만
들어진 것은 다르게 보인다.

　그런데 금속을 서로 무게로 비교해 보면 가벼운 것, 중간 것,
무거운 것이 구별된다.

　리튬, 나트륨, 칼륨은 물에 가라앉지 않는다. 이것들은 물보
다 가볍다. 이를테면 리튬의 밀도는 물의 거의 절반이다. 만약
에 리튬이 이토록 활발한 원소가 아니었더라면 여러 가지 건조
물을 위한 훌륭한 재료가 되었을 것이다. 전체가 리튬으로 만
들어진 기선이나 자동차를 상상해 보라. 유감스럽게도 화학은
이와 같은 매혹적인 가능성을 금하고 있다.

　금속 중에서 무게로 '절대적인 챔피언'은 오스뮴이다. 이 귀
금속의 1㎤의 무게는 22.6g이다. 1㎤의 오스뮴과 균형을 유지
하려면, 저울 한쪽 접시에다 구리라면 3㎤, 납이라면 2㎤, 이트
륨이라면 4㎤을 얹어 놓아야 한다.

　금속의 딱딱하기는 사물을 비유할 때에도 쓰이고 있을 정도
이다. 의지가 강하고 원칙을 굳게 지니는 사람을 가리켜 '쇠와
같은 성격'을 가졌다고 말한다. 그런데 금속세계에서는 사정이
좀 복잡하다.

　철이 딱딱한 것의 표본으로 평가되어야 할 만한 것이라곤 전
혀 없다. 딱딱한 점에서 1위를 차지하는 것은 크로뮴으로, 이
는 다이아몬드보다는 약간 못하다. 여기에 패러독스가 있다. 즉
원소 중에서 딱딱하다는 점에서의 챔피언은 결코 금속이 아니
다. 딱딱하기를 비교하는 경우에 첫 번째 자리를 차지하는 것
은 다이아몬드의 탄소와 결정붕소이다. 철은 오히려 연한 금속
이며 그 딱딱하기는 크로뮴의 2분의 1이다. 누구나가 알고 있

는 플라이급 선수인 알칼리금속은 양초처럼 부드럽다.

액체금속, 기체금속

금속은 모두 정도의 차이는 있으나 고체의 딱딱한 물질이다. 이것이 일반 법칙이다. 그러나 예외가 있다.

몇 가지 금속은 차라리 액체라고도 할 수 있다. 갈륨(Ga)이나 세슘은 녹는점이 30도보다 약간 낮을 정도이고, 그 알갱이를 손바닥에 놓으면 금방 녹아서 액체가 되어 버린다. 프랑슘은 아직 순수한 금속으로는 얻어지지 않고 있으나 실온에서도 녹아 버릴 것이다. 또 누구나가 알고 있는 수은(Hg)은 액체금속의 전형적인 예이다. 수은은 −39도가 되기까지는 액체로 있고, 여러 가지 온도계를 만드는 데 이용되고 있다.

온도계라고 하면 갈륨이 수은의 유력한 경쟁자이다. 그것은 어떤 까닭일까? 수은은 비교적 빠르게, 대충 300도에서 끓기 시작한다. 즉 수은을 써서는 높은 온도를 측정할 수가 없다. 그런데 갈륨이 증기로 되는 것은 2,400도이다. 갈륨 이외에는 어떤 금속도 이토록 오랫동안 액체인 채로 있을 수가 없고, 녹는점과 끓는점 사이에 이같이 큰 차이를 가진 것이 없다. 그러므로 갈륨은 고온용 온도계를 만드는 데 있어서 뜻하지 않게 찾아낸 긴요한 물질이다.

또 한 가지 놀랄만한 일이 있다. 과학자들은, 만약 수은의 무거운 동위원소가 있다고 한다면(이 원소는 매우 큰 원자번호를 가지며, 큰 집의 8층에 사는 것으로 상상되고 지구상에서는 알려져 있지 않다) 보통 조건에서는 기체일 것임이 틀림없다고 이론적으로 증명하였다. 금속의 화학적 성질을 지닌 기체인 셈이다. 과학자들은 언제나 이와 같은 독특한 물질을 알 수 있게 될까?

철사처럼 만든 납(Pb)은 성냥불로도 녹일 수가 있다. 주석박(Sn)을 불에 넣으면 순식간에 액체주석의 물방울로 변한다. 그런데 텅스텐, 탄탈럼 또는 레늄을 액체로 바꾸기 위해서는 온도를 3,000도 이상으로 높이지 않으면 안 된다. 이 금속들은 이 세상에서 가장 녹기 힘든 금속이다. 텅스텐이나 레늄으로부터 전구의 백열선이 만들어지는 것은 이 때문이다.

몇몇 금속은 깜짝 놀랄 만큼 높은 끓는점을 가졌다. 이를테면 하프늄(Hf)은 무려 5,400도에서 끓기 시작하는데 이것은 태양 표면의 온도에 가깝다.

거짓 화합물

인간이 의식적으로 만들어 낸 최초의 물질은 무엇이었을까?

과학사가들은 명확한 대답을 하지 못한다. 여기서 독자적인 가설을 세워보기로 하자.

사람들이 의식적으로 만든 최초의 물질은 두 가지 금속―구리(Cu)와 주석―의 '화합물'이었을 것이 틀림없다. 여기서 왜 '화합물'이라는 말에 따옴표를 했는가 하면 구리와 주석의 결합물(이것은 누구나가 알고 있는 청동)은 보통의 화합물이 아니기 때문이다. 이것은 합금(合金)이라고 불린다.

고대 사람들은 먼저 광석으로부터 금속을 녹여내는 방법을 배우고, 그 후에 두 종류 이상의 금속을 융합하는 방법을 배웠다.

　그리하여 문명의 여명기에 장래의 화학의 한 부문이 싹텄다. 지금은 이 부문을 금속화학이라고 부르고 있다.

　금속과 비금속과의 화합물의 구조는 보통 그것에 포함되는 원소의 원자가에 의해 결정된다. 이를테면 식염분자에는 플러스 1가의 나트륨과 마이너스 1가의 염소가 함유되어 있다. 암모니아 NH_3의 분자에서는 마이너스 3가의 질소원자 하나와 플러스 1가의 수소원자 3개가 결합되어 있다.

　금속끼리의 화합물(금속간 화합물이라고 불린다)은 보통, 원자가의 법칙을 따르지 않고 있다. 그 조성은 반응하는 원소의 원자가에는 관계가 없다. 이 때문에 금속간 화합물의 분자식은 꽤나 기묘한 느낌을 준다. 이를테면 $MgZn_5$, KCd_7, $NaZn_{12}$ 등이다. 같은 한 벌 금속으로 몇 가지의 금속간 생성물이 만들어지는 수가 흔히 있다. 이를테면 나트륨과 주석에서는 이와 같은 생성물이 9종류나 만들어진다.

　금속이 서로 간에 작용할 수 있는 것은 보통 용해상태에서이다. 그러나 반드시 언제나 용해된 금속이 서로 화합물을 만드는 것만은 아니다. 때로는 어떤 금속이 다른 금속 속에 녹기만 하는 일도 있다. 이때에는 조성이 일정하지 않은 균질의 혼합물이 만들어지고, 이것을 정확한 화학식으로는 나타낼 수가 없다. 이와 같은 혼합물은 고용체(固溶體)라고 불린다.

　합금의 종류는 방대한 수에 이른다. 얼마만한 합금이 알려져 있는지, 얼마만한 합금을 만들 수 있는지, 설사 근사적으로나마 헤아려 보겠다는 사람조차 없다. 여기서도 유기화합물의 세계와 마찬가지로 수백만이라는 수에 이를 것이다.

　10종류나 되는 금속으로 구성되는 합금이 알려져 있는데, 각각의 첨가 금속은 나름대로 합금의 성질에 영향을 끼치고 있다. 두 종류의 금속으로부터 만들어진 합금—이원합금(二元合金)—에서도 어느 성분이 얼마만큼 쓰이고 있느냐에 따라서 성질이 여러 가지로 달라진다.

일부의 금속은 합금이 되기 매우 쉽고, 어떤 비율로서도 합금으로 만들 수가 있다. 청동이나 황동(구리와 아연의 합금)이 그러하다. 그런데 일부의 금속은 어떤 조건 아래서도 서로 합금이 되려고 하지 않는다. 구리와 텅스텐이 그런 예이다. 그래도 과학자들은 이 두 가지 금속의 합금을 만들어 냈다. 구리와 텅스텐의 가루를 압력을 가해서 소결하는 이른바 분말야금법(粉末冶金法)에 의해 만든 것이다.

실온에서 액체로 있는 금속도 있고, 우주공학자가 즐겨 쓰는 내열성이 매우 높은 합금도 있다. 또 아무리 강한 화학약품의 작용을 받아도 파괴되지 않는 합금과 딱딱한 점에 있어서 다이아몬드에 가까운 합금도 적지 않다.

화학에 있어서의 최초의 '컴퓨터'

컴퓨터는 여러 가지 일을 할 수 있다. 장기를 두거나, 일기를 예보하거나, 멀리 있는 별의 내부에서 일어나고 있는 일들을 밝히거나 해서 상상도 못할 힘든 계산을 할 수가 있다. 그저 컴퓨터에 프로그램을 주기만 하면 되는 것이다. 그리고 컴퓨터와 화학 사이의 우정은 날로 더해 가고 있다. 컴퓨터로 제어되는 거대한 오토메이션 공장 연구자들은 거기서 이루어지는 수많은 화학 공정에 대해서 그것들이 실제로 실현되기 이전에 알 수 있다…….

그런데 화학자들은 좀 별난 '컴퓨터'를 하나 가지고 있다. 그것은 100년 전에 발명된 것으로, 그 무렵에는 컴퓨터라는 말 자체가 세계의 어느 나라 말에도 없었다. 여기서 말하는 '컴퓨터'란 원소의 주기율표를 가리키는 것이다.

과학자들은 이것을 사용함으로써 그때까지 아무리 대담한 연구자도 감히 하지 못했던 일을 실행할 수 있게 되었다. 주기율표는 아직껏 알려져 있지 않은, 실험실에서도 아직 발견하지 못한 원소의 존재를 예언할 수 있게 했던 것이다. 예언이라고만 하기에는 그래도 부족한 느낌이 든다. 그것은 이 미지의 원소가 어떤 성질을 지니고 있는가에 대해 데이터를 부여한 것이었다. 즉, 이들 원소가 금속이냐 비금속이냐는 것을 밝혔다. 납처럼 무거운 것인지, 아니면 나트륨처럼 가벼운 것인지? 미지의 원소를 찾는 데는 어떤 광석에 부딪혀야 할 것인지? 멘델레예프가 발견한 '컴퓨터'는 이들 질문에 답을 주었던 것이다.

1875년에 프랑스의 과학자 보아보드란(P. E. L. Boisbaudran, 1838~1912)은 동료들에게 중대한 뉴스를 알렸다. 아연광 속에서 새로운 원소를 발견했다는 것이었다. 이 경험이 풍부한 화학자는 갈륨('신생아'에는 이와 같은 이름이 붙여졌다)의 성질을 모든 면에서 연구했다. 그리고 당연한 일이지만 이 새로운 원소에 대해 논문을 발표했다.

그리고 조금 지나서 상트페테르부르크(지금의 레닌그라드)의 소인이 찍힌 편지가 보아보드란에게로 날아왔다. 보아보드란은 이 편지를 보낸 사람이 작은 일 한 가지를 제외하고서 전체적으로는 자기의 결과에 완전히 동의하고 있다는 것을 알았다. 즉 갈륨의 밀도는 4.7이 아니라 5.9일 것이라는 것을.

편지의 끄트머리에는 D. 멘델레예프라는 서명이 있었다.

보아보드란은 깜짝 놀랐다. 러시아의 대화학자가 자기보다도 먼저 새로운 원소를 발견하고 있었던 것일까 하고.

아니, 멘델레예프는 갈륨을 손에 넣은 적은 없었다. 그는 단지 주기율표를 이용한 것에 불과했다. 멘델레예프는 훨씬 전부터 주기율표에서 갈륨이 차지한 그 장소에 언젠가는 미지의 원소가 모습을 나타낼 것이라는 것을 알고 있었다. 멘델레예프는 이 원소에 미리 '에카알루미늄'이라는 이름을 붙여 놓고 있었다. 그리고 그 화학적 성질을 주기율표의 이웃에 있는 원소로부터 아주 정확하게 예언하고 있었던 것이다…….

이와 같이 멘델레예프는 화학에 있어서의 최초의 '프로그래머'가 되었다. 그는 다시 10종류 이상에 이르는 미지의 원소의 존재와 그것들의 성질을 예언했다. 스칸듐, 저마늄(Ge), 폴로늄, 아스타틴, 하프늄, 레늄, 테크네튬(Tc), 프랑슘, 라듐(Ra), 악티늄(Ac), 프로트악티늄(Pa) 등의 원소가 그러하다. 그리하여 1925년까지 이들 원소의 대부분이 거뜬히 발견되었다.

'컴퓨터'가 멈췄다

금세기 20년대에 물리학과 화학은 웅대한 성공을 자랑할 수 있게 되었다. 약 20년 동안, 이 두 과학은 지금까지의 인류사의 전시대에 걸친 것보다도 더 큰 성공을 거두었다.

그런데 이 새로운 원소를 찾아내는 일은 갑자기 정지되고 말았다. 주기율표에는 아직도 몇 가지 채워져야 할 '여백'이 남겨져 있었다. 그것들은 43, 61, 85, 87번의 방에 해당했다.

도무지 주기율표에 정착하고 싶어 하지 않았던 기묘한 원소는 어떤 원소들이었을까?

첫 번째의 미지의 원소. 그것은 제Ⅶ족의 원소였다. 그 원자번호는 43이고 주기율표 속에서 망가니즈와 레늄 사이에 있었다. 그리고 성질에 대해서는 이 두 개의 원소와 닮았을 터였다. 그렇다면 망가니즈광 속을 찾아보아야 할 것이다.

미지의 원소의 두 번째는 희토류원소의 형제뻘로서 모든 점에서 그들과 닮지 않으면 안 된다. 원자번호는 61이다.

미지의 원소의 세 번째는 가장 무거운 할로겐이다. 아이오딘의 형님뻘로서 이것은 화학자에게 뜻하지 않은 소득을 가져다줄 터였다. 왜냐하면 이 원소에는 약간의 금속성이 남아 있을 것이기 때문이다. 할로겐과 금속이라는 두 얼굴을 가진 원소의 훌륭한 예이다. 커다란 집의 85번 방이 그를 기다리고 있었다.

미지의 원소 네 번째. 이것은 또 어쩌면 이렇게도 흥미진진한 원소일까? 가장 사납고 가장 활발한 금속. 그것은 손바닥에서도 가볍게 녹을 터였다. 알칼리금속의 가장 무거운 원소. 원자번호는 87이다.

화학자들은 신비스런 미지의 원소에 대해 매우 자세한 사건서류를 만들었다. 셜록 홈스는 다 태운 담뱃재로 또는 구두창에 묻은 약간의 진흙으로 범인을 찾아냈다. 그러나 그의 방법이 아무리 훌륭하다고 해도, 미지의 물질을 아주 사소한 양으로써도 식별할 수 있는 화학자의 방법에다 비교한다면 도무지 상대가 되지 않는다.

셜록 홈스는 언제나 어김없이 성공을 거두었다. 그런데 화학자는 그러지 못했다. 화학자가 준비한 방에 들어가기를 완고히 거부하는 수수께끼의 원소를 몇 번이고 추적했지만, 화학자를 기다리고 있는 것은 오직 환멸뿐이었다.

미지의 원소는 도처에서 찾고 있었다. 담뱃재와 식물을 태운 재, 매우 희귀하며 매우 엑조틱한 광물, 바닷물, 아! 그런데도!

'화학원소의 넘버 43, 61, 85, 87의 신비스런 소실 사건'은 미궁으로 빠져들었다. 어떤 예심판사가 말했듯이 '우울한 사건' 이었다.

어쩌면 자연은 뜻밖의 트릭을 쓰고 있는 것이 아닐는지? 이들 원소를 지구상에 존재하는 단체의 리스트에서 제외해 버리는 트릭을 말이다. 기묘한 자연 특유의 변덕에 의해서…….

실제로 무언가 신비스런 냄새가 풍겨 왔다. 기적이라는 것은 잘 알려져 있듯이 이 세상에 존재할 턱이 없는 것이지만, 그래도 큰 집에 네 개의 방은 설명이 되지 않은 채로 비어 있었다.

이 방들이 채워진 것은 화학자들이 겨우 화학원소를 인공적으로 만드는 방법을 배우고 나서의 일이었다.

어떤 원소가 다른 원소로 바뀌다

우리를 둘러싼 세계에서는 헤아릴 수 없을 만큼 많은 화학반응이 일어나고 있다. 이 반응은 모두 전자껍질의 화학의 권력을 따르고 있다. 어떤 원소의 원자라도 전자를 받아들이거나 주거나 할 수 있어, 음 또는 양전하를 가진 이온이 된다. 원자는 수백, 수천의 다른 원자와 결합해서 거대한 분자를 만들 수가 있다. 그러나 그 경우에도 원자는 여전히 같은 원소의 원자인 것이다. 탄소는 300만 종 이상의 화합물을 만든다. 이들의 어느 것을 취하더라도, 이산화탄소이건 또는 더 복잡한 항생물질이건 탄소는 역시 탄소인 것이다.

어떤 원소를 다른 원소로 바꾸는 데는 그 원자의 핵을 개조하지 않으면 안 된다. 핵의 전하를 바꾸어야 하는 것이다.

화학자들은 반응을 일으키게 할 때 높은 온도와 큰 압력을 이용하여 촉매(반응을 촉진시키기 위해 소량만을 보태는 물질)를 쓴다.

수천 도의 온도로 가열하더라도, 수십만 기압의 압력을 가하더라도 핵을 개조할 수는 없다. 이와 같은 방법에 의해서는 어떤 원소를 다른 원소로 바꿔 놓을 수는 없다.

이것은 새로운 과학—핵화학(核化學)—의 세력범위에 있는 문제이다.

핵화학에는 독자적인 방법이 있다. 핵화학에서 '온도와 압력'에 해당하는 것은 양성자, 중성자, 수소의 무거운 동위원소의 핵(중양성자), 헬륨의 핵(알파입자) 또 주기율표의 가벼운 원소—붕소와 산소, 네온과 아르곤—의 이온 등이다. 핵화학 장치의 하나는 원자로이며, 이 속에서 몇 종류의 충격입자가 태어난다. 또 입자에 큰 속도를 주기 위한 가속기라는 복잡한 장치가 있다. 원자핵으로 끼어들기 위해서는(특히 입자가 양전하를 가질 경우), 충격입자에 큰 에너지를 주지 않으면 안 되기 때문이다. 큰 에너지를 가지고 있으면, 핵전하의 반발작용을 이겨내기 쉽다. 핵화학에 있어서도 그 기호나 반응의 방정식은 '보통'의 화학방정식과 같이 기술된다.

이 새로운 과학의 혜택으로 주기율표의 비어 있던 방이 메꾸어졌다.

'인공적'이라는 의미의 그리스어 '테크니코스(technikos)'가 인공적으로 만들어진 최초의 원소 이름—테크네튬—으로 채택되었다. 1936년 말 사이클로트론으로 가속된 중양성자(重陽性子)

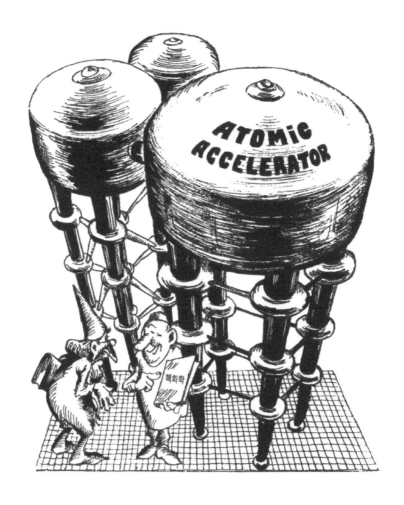

의 빠른 흐름이 몰리브데넘의 표적을 덮쳤다. 중양성자는 마치
나이프가 버터를 찌르듯이, 전자껍질을 꿰뚫어 핵에 다다랐다.
양성자와 중성자로 이루어지는 중양성자는 핵과 충돌하여 붕괴
하고, 중성자는 옆으로 날아갔으나 양성자는 핵으로 끼어들었
다. 이것에 의해 핵의 전하는 한 단위만큼 증가했다. 즉 42번
의 방에 살고 있던 몰리브데넘이 그 오른쪽 이웃의 43번 원소

로 변환한 것이다.

보통의 화학에서 같은 화합물이 여러 가지 방법에 의해 얻어지는 것과 마찬가지로, 핵화학에서도 같은 원소가 여러 가지 핵반응의 도움을 빌어 인공적으로 만들어진다.

사람들은 이 테크네튬을, 세계에서 가장 놀라운 공장에서 킬로그램의 단위로 달 수 있을 만큼 대량으로 생산하는 방법을 배웠다. 그 공장이란 곧 원자로(原子爐)를 말한다. 여기서는 더딘 중성자의 작용으로 우라늄의 핵분열이 일어나고 에너지가 대량으로 발생하고 있다.

우라늄(U)의 핵은 분열해서 두 개의 파편으로 된다. 파편이라는 것은 주기율표의 중앙쯤에 있는 원소의 원자핵을 말한다. 즉 우라늄은 분열하여 주기율표의 30번 이상의 방—30번에서 64번까지—에 살고 있는 원소를 생성한다. 그 속에 테크네튬이 포함되어 있다. 또 수십 년에 걸쳐서 탐색되어 왔는데도 불구하고, 끝내 발견되지 않은 원소—프로메튬(Pm)—도 포함되어 있다. 이것은 61번의 거주자이다.

핵화학의 덕분으로 화학자들은 우라늄보다 무거운 원소를 만들 수 있게 되었다. 우라늄의 핵이 분열할 때, 파편 이외에 많은 중성자가 튀어 나간다. 이들 중성자가 아직 분열하고 있지 않은 핵에 흡수되는 일이 있다. 이리하여 93번과 94번 또는 그 이상의 번호를 가진 원소가 합성될 가능성이 나오게 되는 것이다.

핵화학에서는 이 초우라늄원소를 만드는 방법이 여러 가지로 알려져 있다. 현재 알려져 있는 초우라늄원소는 넵트늄(Np, 93번), 플루토늄(Pu, 94번), 아메리슘(Am, 95번), 퀴륨(Cm, 96번),

버클륨(Bk, 97번), 칼리포르늄(Cf, 98번), 아인시타이늄(Es, 99번), 페르뮴(Fm, 100번), 멘델레뮴(Md, 101번), 노벨륨(No, 102번), 로렌슘(Lr, 103번)에 다 러시아(구소련)가 발견했다고 말하지만, 아직 국제적으로 공인되지 않은 크르챠토븀(104번)까지 12개의 원소이다. 이 104번 원소의 이름으로는 러시아(구소련)의 연구 그룹이 주장하는 크로차토븀이란 이름과 미국의 연구자들이 제창한 라더포르듐이란 것이 있으나 아직은 결정을 보지 못하고 있다.

　오늘 건물 새로운 층에 돌기초를 쌓았던 목수가, 내일 자신이 한 작업이 말끔히 없어져 버린 것을 발견하게 된다면 얼마나 놀랄까? 초우라늄원소의 화학적 성질을 연구하고 있는 화학자들은 꼭 이와 같은 상태에 있다. 왜냐하면 이들 원소는 극단적으로 불안정하고, 그 수명은 수분 아니, 수초에 지나지 않기 때문이다. 보통의 원소를 연구할 때 화학자들은 시간 따위는 조금도 마음에 두지 않는다. 그런데 주기율표의 수명이 짧은 원소, 특히 무거운 초우라늄원소들을 다룰 때는 연구의 1분, 1분이 매우 귀중하다. 연구의 대상이 '아차' 하는 순간에 없어져 버리는 일이 적지 않다. 또 화학자의 손에 맡겨지는 것은 아주 소량, 때로는 글자 그대로 헤아릴 수 있을 정도의 아주 적은 양의 원자인 것이다.

　그런 까닭으로 특수한 연구방법이 필요하게 된다. 이와 같은 연구방법을 사용하는 것이 화학의 새로운 젊은 부분, 방사화학―방사성 원소의 화학―이다.

원소의 세계에 있어서의 죽음과 불사

화학자가 좀 별난 고고학자처럼 보이는 시대가 왔다. 고고학자는 청동기나 토기를 조사하여 그것이 몇 세기 전에 만들어진 것인가를 결정하는데, 그와 마찬가지로 화학자는 지각의 여러 가지 광물의 나이를 측정하는 방법을 배웠다.

어떤 광물의 나이는 45억 년을 넘는다는 것을 알았다. 이런 것들은 지구와 비슷하게 나이를 먹고 있다. 그런데 광물이라는 것은 화합물이다. 화합물은 원소로 구성되어 있다. 따라서 원소는 사실상 죽지 않는다고 할 수 있다…….

여러분은 원소가 죽는다느니 죽지 않는다느니 하는 문제 자체가 무의미한 것이라고 생각할 것이다. 죽음이라는 것은 생물의 슬픈 숙명이니까 말이다.

그러나 이 문제는 그렇게 생각할 만큼 무의미하지 않다.

방사능(放射能)이라는 물리현상이 있다. 이것은 원소(정확하게 말하면 원자핵)가 자발적으로 붕괴할 수 있다는 것이다. 어떤 핵은 그 내부로부터 전자를 방출한다. 또 다른 핵은 이른바 알파입자(α-입자 : 헬륨의 핵)를 방출한다. 그 가운데는 붕괴해서 두 개의 같은 크기의 핵으로 되는 것도 있는데, 이 과정을 자발핵분열(自發核分裂)이라고 부른다.

모든 원소가 방사성 원소일까? 아니 모두가 다 그런 것은 아니다. 주로 폴로늄에서부터 이후의 주기율표 끝 쪽에 있는 원소가 방사성의 것이다.

붕괴한 방사성 원소는 완전히 없어져 버리는 것은 아니다. 다른 원소로 바뀌는 것이다. 이 방사성 변환의 계열은 매우 길어지는 수가 있다.

탄생
사망

탄생
0.0001초
사망
0.0002초

　이를테면 토륨과 우라늄에서는 마지막에 안정된 납이 생성된다. 그러나 그 도중에서 10종류 이상의 방사성 원소가 태어나고 또 죽어간다.

　방사성 원소의 수명은 구구하다. 어떤 것은 안전하게 소멸하기까지 수백억 년이나 연명한다. 또 어떤 것은 극히 수명이 짧아 그 생애는 분 또는 초로써 젤 수 있을 정도이다. 과학자들은 방사성 원소의 수명을 반감기(半減期)라는 특별한 값으로써 측정한다. 이 기간 동안에 방사성 원소는 붕괴해서 최초의 양의 절반이 된다.

우라늄과 토륨의 반감기는 수십억 년이다.

주기율표에서 우라늄과 토륨(Th)의 바로 앞에 있는 원소 프로트악티늄, 악티늄, 라듐, 프랑슘, 라돈, 아스타틴, 폴로늄 등에서는 사정이 완전히 다르다. 이들 원소의 수명은 훨씬 더 짧아서 어떤 경우에도 10만 년을 넘는 일이 없다.

그런데 정말로 그렇다면 생각지도 못할 귀찮은 일이 일어나게 된다.

도대체 이 수명이 짧은 원소가 지구상에 존재하고 있는 이유는 무엇일까? 우리의 늙은 지구는 약 50억 살이라고 말하지 않는가……. 이 상상도 못할 만큼 긴 기간에 라듐과 악티늄 같은 원소는 벌써 소멸되고 없어졌을 터이다.

그런데도 그들은 살아 있다. 그리고 지구의 광물 속에 까마득한 예로부터 숨어 있는 것이다……. 마치 자연이 '생명의 물'을 가지고 있어, 이들 원소가 멸망하지 않게 처리해 주고 있는 것처럼…….

사실 그들은 영원한 옹달샘에 부양되고 있으며, 끊임없이 새로이 탄생하고 있다. 우라늄과 토륨이라는 지하의 예비군이 있기 때문이다. 이 두 방사성 원소의 '가장(家長)'이 안전한 납으로 바뀌어지기까지의 길고 복잡한 과정을 더듬어 가는 동안에, 차츰 중간원소(中間元素)로 바뀌어가기 때문이다. 이리하여 화학원소는 1차군(一次群)과 2차군이라는 커다란 그룹으로 나누어진다.

1차 원소에는 방사성이 아닌 원소의 모든 것과 그 반감기가 지구의 나이를 넘는 우라늄과 토륨이 포함된다. 그들은 태양계의 형성을 목격한 것들이었다.

나머지 것이 2차군이다.

그러나 그렇다고 하더라도 언젠가는 주기율표에 몇 개의 원소가 부족하다는 것을 발견할 때가 온다. 우라늄과 토륨은 2차 원소가 샘솟는 영원한 샘이다. 그러나 영원하다고는 하지만 상대적으로 영원하다는 것일 뿐이다. 그들도 언젠가는 지구에서 그 모습을 감추어 버린다. 대체로 1000억 년 후에는 완전히 사라져 버릴 것이다. 그렇게 되면 방사성 변환에 의한 생성물도 역시 소멸되고 마는 것이다.

하나, 둘 그리고 많다는 것

원시인의 계산능력은 대체로 이런 것이었다. 즉 '많다'와 '조금'을 판별할 수 있었을 뿐이다.

사람들이 100년 전쯤에 지구의 '창고'에 어떤 원소가 얼마만큼이나 저장되어 있는가를 평가하려 했을 때, 원시인과 거의 같은 기준을 쓰고 있었다.

널리 이용되고 있는 원소는 이를테면 납, 아연, 은이며 따라서 이것들은 '많다.' 즉 널리 분포해 있는 원소라고 할 수 있다. 한편 희토류원소는 어찌하여 '희(稀)'라는, 즉 '드물다'는 글자가 붙어 있느냐고 하면, 지구상에서는 거의 눈에 띄지 않기 때문이다. 이것들은 '적다.'

100년 전쯤에는 이와 같이 간단하게 생각하고 있었다.

사실인즉 화학원소 창고의 초기 때의 검사관의 하는 일이란 무척 편한 것이었다. 그들의 '활동'에 대해서 생각한다면, 우리 현대인은 쓴웃음을 짓지 않을 수가 없다. 지금은 검사관들이 잘 알고 있는 일이지만, 희토류원소란 평판뿐이고, 사실은 지구의 광물 속에 다량으로 함유되어 있어 납, 아연, 은을 모조리 합한 것보다 약간 적을 따름이다.

화학원소의 저장에 대한 면밀한 '장부'를 만든다는 것은 무척 큰일이었다. 이것을 성취한 것은 미국의 화학자 클라크(F. W. Clarke, 1847~1931)로 그는 5,500종 이상의 것에 대해 화학분석을 했다. 참으로 갖가지 광물—열대의 것, 툰드라 지대의 것도—을 분석했다. 여러 지방의 물—깊은 밀림의 호숫물, 태평양의 바닷물—도 분석했다. 세계의 끝에서 끝까지 모든 토양의 표본을 모아 연구했다.

이 거인과도 같은 작업은 20년 동안이나 계속되었다. 클라크와 그 밖의 과학자들의 연구에 의해서 지구의 표층부에는 어떤 원소가 얼마만큼 존재하느냐는 것에 대한 지극히 정확한 지식을 얻을 수 있었다. 이리하여 지구화학(地球化學)이라는 학문이 탄생했다. 지구화학은 전에는 상상조차 할 수 없었던 놀라운 사실을 사람들에게 알려 주었다.

다음과 같은 일을 알아낸 것이다. 주기율표의 처음 26종의 원소—수소에서 철까지—로 사실상 모든 지각이 형성되어 있고, 이들 원소는 중량으로 쳐서 99.7%를 차지한다. '가엾은' 0.3%만이 자연계에 있는 나머지 67종 원소의 몫이다.

그렇다면 지구상에 가장 많이 있는 원소는 무엇일까?

철도 구리도 아니며 주석도 아니다. 인류는 이들 원소를 수천년 동안이나 이용해 왔고, 그 저장량이 방대할 것이라고 생각해 왔는데도 불구하고 이 원소들은 아니다. 많이 있는 것, 그것은 산소이다. 만약에 저울의 한쪽 접시에 지구에 존재하는 산소 전체를 얹고, 다른 한쪽 접시에 다른 원소를 모조리 얹었다고 하면, 두 접시는 거의 평형을 이룬다. 지각의 거의 절반이 산소로 이루어져 있는 것이다. 산소가 없을 만한 곳은 없다. 물속에도, 대기 속에도, 방대한 양의 광석 속에도, 어떤 동물이나 식물에도 모든 곳에 산소가 있고 매우 중요한 역할을 하고 있다.

　지구의 '딱딱한 부분' 중 4분의 1은 규소(Si)이다. 규소는 무기 세계의 기초 중의 기초로 되어 있다.

　산소와 규소를 제외하고 지구의 원소를 존재량이 많은 순서로 배열하면 다음과 같다(%). 알루미늄(Al)-7.4, 철-4.2, 칼슘-3.3, 나트륨-2.4, 칼륨과 마그네슘(Mg)-2.4, 수소-1.0, 타이타늄(Ti)-0.6.

　이상이 지구의 화학원소의 10걸들이다.

　그렇다면 지구에서 가장 적은 것은 어떤 원소일까?

　금이나 백금, 그 무리들은 매우 적다. 그러므로 이들 원소는 무척 값이 비싸다.

　그런데 재미있는 패러독스가 있다. 금은 인간에게 알려진 최초의 금속이었다. 백금이 발견되었을 때에도 사람들은 아직 산소와 규소와 알루미늄에 관해서는 아무것도 몰랐다.

　귀금속는 독특한 성질이 있다. 이들은 자연계에 화합물로서가 아니라, 유리된 단체상태(單體狀態)로 있다. 광석에서 녹여내야 할 필요가 없다. 그래서 이들 금속은 아득한 옛날에 발견되었던 것이다.

　그것은 어쨌든 간에, 희소성에 대한 포상은 이들 금속에게도

주어지지 않는다. 이 슬퍼해야 할 상은 2차 방사성 원소에 주어진다. 우리가 2차 방사성 원소를 가리켜 유령의 원소라고 부르는 것은 그럴 만한 이유가 있기 때문이다.

지구화학자가 말하는 바에 따르면, 지구의 폴로늄은 모두 9,600t, 라돈은 그보다 적어서 260t, 악티늄은 2만 6,000t이다. 라듐과 프로트악티늄은 유령 중 거인으로 양쪽을 합치면 약 1억t에 달하지만, 금이나 백금에 비교하면 이것은 아무것도 아니다.

그런데 아스타틴과 프랑슘은 유령 속에 넣기조차 민망할 정도로 도저히 물질이라고는 말할 수 없을 정도이다. 아스타틴과 프랑슘의 존재량은 ㎎ 단위로 측정할 수밖에 없다.

지구에서 가장 적은 원소는 아스타틴이다(지각의 두께 전체에 걸쳐서 고작 69㎎).

초우라늄원소의 처음 부분에 있는 넵투늄과 플루토늄도 지구에 있다는 것을 알고 있다. 이 두 원소는 매우 드물기는 하지만, 우라늄과 자유중성자가 핵반응을 일으키기 때문에 자연계에서 태어나고 있다. 이 두 유령의 '무게'는 각각 수백 톤과 수천 톤이다.

그런데 프로메튬과 테크네튬에 대해서는, 그 탄생에도 역시 우라늄이 관계되고 있었지만(우라늄에는 자발적인 핵분열이 따르기 마련이며, 그때 크기가 거의 같은 2개의 파편이 생성된다) 이것들에 대해서는 아무것도 말할 것이 없다. 과학자들은 테크네튬의 근소한 흔적을 가까스로 발견했지만 프로메튬에 대해서는 여전히 우라늄광물 속에서의 탐구가 계속되고 있다.

자연은 공평하게 행동하고 있을까?

현재 과학자들이 주장하는 바에 따르면, 어떤 광물 속에도 자연계에 알려져 있는 화학원소가 모조리 존재한다고 말한다. 하나도 남김없이 다 있다는 것이다. 하기야 그 비율에 있어서는 비록 구구하지만서도 왜 어떤 원소는 많고 어떤 원소는 아주 조금밖에 없을까?

주기율표에서는 모든 원소가 완전히 평등한 권리를 가지고 있다. 각각의 원소는 자기 몫으로 정해진 자리를 차지하고 있다. 그런데 원소의 존재량을 말하게 되면, 이 평등 권리는 연기처럼 사라지고 만다.

주기율표 속의 가벼운 원소, 즉 첫 부분의 30종의 원소가 지각의 대부분을 형성하고 있다. 그러나 이 원소끼리에 대해서도 평등한 것은 아니다. 어떤 것은 많고 어떤 것은 적다. 이를테면 붕소, 베릴륨, 스칸듐은 매우 희소한 원소의 부류에 속한다.

지구가 탄생한 이래 오늘까지 지구상에서는 원소의 존재량의 '재등록'과 같은 일이 있어 왔다. 적지 않은 우라늄과 토륨이 그 방사능 때문에 없어졌다. 대량의 비활성 기체와 수소가 우주공간으로 날아가 버렸다. 그래도 전반적인 상황에는 변함이 없었다.

현대의 과학자들이 말하는 바에 따르면, 지각 속 원소의 분포는 가벼운 원소에서부터 중간 정도의 원소로 됨에 따라, 그리고 더 무거운 원소로 됨에 따라서 법칙적으로 줄어든다. 그러나 언제나 그렇다는 것은 아니다. 이를테면 납은 무거운 편이지만, 주기율표 속의 자기보다 가벼운 대표들보다는 훨씬 더 다량으로 존재한다.

왜 원소에 따라서 그 존재량이 달라질까? 왜 모든 것이 평등하지 않은 것일까? 아마 자연이 불공평해서 일부의 원소만을 '저장'하고, 그 밖의 원소는 저장해야 한다는 것을 잊어버린 것이 아닐까?

아니다. 일부의 원소는 많고, 그 밖의 것은 적다는 것은 나름대로 엄격한 법칙을 따르고 있는 것이다. 솔직하게 말해서 우리는 이 법칙을 완전하게는 알지 못하고 있다. 그러므로 단지 추정하는 것만으로 만족하기로 하자.

화학원소 그 자체도 영원한 예로부터 존재했던 것은 아니다. 우주에서는 그 웅대함에 있어서 달리 견줄 바 없는 원소의 합성과정이 끊임없이 진행되고 있다. 우주의 원자로 우주의 가속기, 그것은 곧 별이다. 어떤 종류의 별에서는 화학원소의 '조리(調理)'가 이루어지고 있다.

거기에는 놀라운 온도, 상상조차 할 수 없는 압력이 군림하고 있다. 거기서는 핵화학의 법칙이 작용하며, 어떤 원소를 다른 원소로, 가벼운 원소를 무거운 원소로 바꾸는 핵반응이 일어나고 있다. 일부 원소는 매우 간단히 만들어지므로 그 양도 많고, 또 일부 원소는 만들기 어려우므로 그 양이 적은 것이다.

모든 것은 원자핵의 견고성에 관계되고 있다. 이 점에 대해 핵화학에서는 의견이 일치해 있다. 가벼운 원소의 동위원소의 핵은 거의 같은 수의 양성자와 중성자를 가지고 있다. 양성자와 중성자는 여기서는 매우 견고한 건조물을 만든다. 그리고 가벼운 핵의 대부분이 간단히 합성된다. 자연계에는 일반적으로 가장 안정된 체계를 형성하려는 경향이 있다. 그런데 큰 전하를 갖는 핵에서는 중성자의 수가 양성자의 수보다 훨씬 많아져 있으므로 차츰차츰 안정하지 못하게 된다. 이들 핵은 모든 우연적인 사항의 영향을 크게 받고, 그 때문에 대량으로는 축적되지 않는 것이다.

즉, 핵의 전하가 크면 클수록 그들 핵의 합성이 어려워지고, 따라서 만들어지는 양도 적어진다는 것이 핵화학의 법칙이다.

지구의 화학조성은 말하자면 원소의 생성과정을 지배하고 있는 법칙의 무언의 반영인 것이다. 과학자가 이들 법칙을 완전히 알게 될 때에는 여러 가지 화학원소가 왜 이토록 구구한 양으로 분포해 있는지가 밝혀질 것이다.

잘못된 길

1880년대에 어느 외국 화학잡지에 재미있는 논문이 발표되었다. 학계에 이름이 그리 알려지지 않은 한 연구자가, 한꺼번에 두 종류의 새 원소를 발견했다고 보고했던 것이다. 그 연구자는 이 두 원소에 코스뮴과 네오코스뮴이라는 이름을 붙였다. 당시 새로운 원소의 발견은 그리 드문 일이 아니었을 뿐더러 일종의 유행처럼 되어 있었다. 다른 연구자들은 '신생아들'에게 붙여 줄 이름을 생각해 낼 겨를조차 없어서 그리스어의 알파벳으로 기호를 붙여 주는 정도였다.

얼마 후 코스뮴과 네오코스뮴의 '최초의 발견자'는 그가 이 유행에 걸려들었고 속았다는 사실을 알았다. 이 논문은 만우절(萬愚節)과 같은 것이었다. 논문의 필자는 코스만이라는 이름의

사람이었다.

……104종의 원소가 주기율표에 배열되어 있다. 104종의 진짜 원소의 발견이 과학사에 수록되었다. 이 명부와 함께, 비교도 안 될 만큼 긴, 수백 종에 이르는 명부가 있다. 이것에 실려 있는 사산(死産)한 원소는 실험의 착각과 착오의 결과, 또는 연구자가 비양심적이었기 때문에 이 세상에 나타난 것들이었다.

원소의 발견자들이 걸어온 과정은 길고 고난에 찬 것이었다. 밀림을 꿰뚫고, 험한 바위산 사이로 사라져 가는 샛길과도 같았다……. 한편 이것과 더불어 다른 평탄한 길도 뻗어 있었다. 그러나 이것은 위장된 길, 화학원소의 거짓 발견의 길이었다.

이 길에는 어쩌면 이렇게도 우스꽝스럽고 희한한 이야기들이 많을까? 코스만의 경우는 바다의 한낱 물방울에 지나지 않는다.

영국의 크룩스(S. W. Crookes, 1832~1919)는 이트륨이라는 원소에서 한 무리의 새로운 단체를 분리하고 그것들을 메타엘레멘트(meta-element)라고 명명했다. 그런데 사실 이것들은 전부터 알려져 있는 원소의 혼합물이었다.

독일의 스빈은 유명한 북극탐험가 노르덴시욀드가 그린란드의 빙하에서 수집한 운석(隕石) 속에서 초우라늄원소를 찾고 있었다. 그리하여 이 운석 속에서 원자번호 108번의 원소를 발견했노라고 보고했다……. 진리는 당장 복수를 가해 왔다. 이 재수없는 연구자는 그릇된 이론에 사로잡혀 있었던 것이다.

또 사해(死海)의 물속에서 85번과 87번 원소의 흔적을 포착하려고 특별탐험대를 조직해 팔레스타인으로 향한 영국의 프렌드의 일을 상기하지 않을 수가 없다. 또 미국의 아리슨의 일도 그러하다. 이 불운한 사람은 다른 과학자들이 왜 아이오딘과 세슘의 무거운 친척원소가 지구상에 없을까 하는 생각에 고민하고 있을 때 느닷없이 그것을 도처에서 발견해 냈다. 즉, 그는 자기가 발명한 새로운 방법을 써서 주변의 어디에나 있는 용액과 광물 속에서 그들 원소를 발견했다. 그러나 이 새로운 방법에는 결함이 있다는 사실이 밝혀졌다. 이 연구자는 너무나 연구에 지쳐 있었고, 그 피로가 그의 눈에 유령을 낳게 했던 것이다.

위대한 사람들조차도 거짓된 길로 빠져드는 것을 피할 수가 없었다. 이탈리아의 페르미는 우라늄을 중성자에 충돌시키면, 단번에 여러 종류의 초우라늄원소가 생성된다고 했었다. 그러나 실은 이것들은 우라늄의 핵분열에 의한 파편—주기율표의 중간쯤에 있는 원소—이었다.

104종 중 하나의 운명

이것은 어떤 화학원소의 운명에 관한 짤막한 이야기다.

그는 92번 방에 살고 있다. 이름은 우라늄.

이 이름 자체가 자신의 역사를 말하고 있다. 바로 우라늄이라는 이름에는 과학의 대발견이 둘이나 관계되어 있다. 방사능의 발견과 중성자를 작용시켰을 때 무거운 원소의 핵분열의 발견이 그것이다. 우라늄은 핵에너지를 획득하기 위한 열쇠를 제공했다. 우라늄은 자연계에 알려져 있지 않은 원소, 즉 초우라늄원소인 테크네튬과 프로메튬을 만드는 것을 도왔다.

역사적인 기록이 증명하는 바에 따르면, 우라늄의 전기(傳記)는 1789년 9월 24일에 시작되었다.

원소 발견의 역사에는 여러 가지 것이 있다. 발견자의 이름을 알 수 없는 일도 여러 번이 있었다. 또 때로는 새로운 원소의 '최초의 발견자' 명부가 매우 정연한 듯이 보인 적도 있었다. 우라늄의 '명명자'는 분석화학의 창시자 중 한 사람인 베를린의 화학자 클라프로트(M. H. Klaproth, 1743~1817)로 되어 있다. 그러나 그에게는 그리 유쾌한 일이 아니겠지만, 클라프로트는 이 이야기의 주인공 '명명자'들 중 한 사람에 지나지 않는다는 것이 밝혀졌다.

피치블렌드라는 광석이 예로부터 알려져 있었는데, 이것은 아연과 철의 광석이라고 생각되고 있었다. 분석화학자 클라프로트의 예리한 관찰력은 이 속에 미지의 금속혼합물이 있는 것이 아닐까 하는 의심을 갖게 했고, 그 의심이 적중했다는 것이 밝혀졌다. 새로운 원소는 금속의 광휘를 가진 검은 가루였다. 이 직전에 천문학자 허셸(S. F. W. Herschel, 1738~1822)이 발견한 천왕성(Uranus)의 이름에 연유해서 이 원소에는 우라늄이라는 이름이 붙여졌다.

이때부터 꼬박 반세기 동안, 클라프로트의 발견의 정당성을 의심하는 사람은 한 사람도 없었다. 유럽에서 가장 뛰어난 분석화학자의 정당성에 대하여 감히 의심을 품을 사람이 없었던 것이다. 우라늄원소는 화학의 모든 교과서에도 실리게 되었다.

1843년, 이 승리의 행진에 가볍게 브레이크를 거는 사람이 나타났다. 프랑스의 화학자 펠리고(E. M. Péliigot, 1812~1890)였다. 그는 클라프로트가 손에 넣은 것은 우라늄원소가 아니었다

는 것을 증명했다. 그것은 우라늄의
산화물이었다. 공평한 역사가들은 펠
리고가 이 원소의 제2의 '명명자'로
생각된다는 기록을 남겼다.

그러나 그래도 아직 우라늄의 '명
명자'들의 명부는 완성되지 못했다.
제3의 '명명자'가 된 것은 멘델레예
프였다.

우라늄은 처음에 멘델레예프가 만
든 주기율표에 도무지 들어가기를 꺼려했다. 그러나 일단은 자
리가 배정되었다. 그것은 제III족으로 카드뮴(Cd)과 주석(Sn) 사
이에 있었다. 지금은 그 자리에 인듐(In)이 들어가 있다. 이 자
리는 우라늄의 원자량에 의해서 결정된 것이며 성질에 의해 결
정된 것이 아니었다. 성질이라는 점에서 우라늄은 이 방 안에
서는 우연히 끼어든 남과 같았다.

그래서 멘델레예프는 우라늄의 원자량은 틀린 것이라고 결정
했다. 원자량은 2.5배로 증가되었다. 우라늄은 주기율표의 제VI
족에 놓였고, 원소의 행렬의 마지막 것이 되었다. 우라늄의 제
3의 탄생은 이렇게 해서 일어났던 것이다.

실험가들은 얼마 후 멘델레예프의 결정이 정당하다는 것을
확인했다.

우라늄이여, 네가 있을 자리는 어디인가?

주기율표에는 자리가 없는 원소라곤 없다. 그러나 일정한 자
리가 없는 원소라면 있다. 이를테면 맨 처음의 원소—수소—가

그러하다. 사실 지금까지 첫 번째의 이 원소를 어디에다 두면 좋을까? 주기율표의 제Ⅰ족으로 할 것인가? 제Ⅶ족으로 할 것 인가라는 점에서, 과학자들의 의견이 통일되기까지에는 이르지 못했다…….

우라늄의 운명에도 같은 일이 일어났다.

그렇지만 멘델레예프가 우라늄의 자리를 최종적으로 결정했 던 것은 아니었던지?

10년 동안은 주기율표의 제Ⅵ족에 우라늄을 두는 것에 대해 아무도 말썽을 부리지 않았다. 우라늄을 크로뮴이나 몰리브데 넘, 텅스텐의 가장 무거운 무리로 다루는 것에는 아무도 군소 리가 없었다. 그 위치는 확고한 것처럼 생각되고 있었다.

그런데 다른 시대가 왔다. 우라늄은 원소 행렬의 마지막이 아니게 된 것이다. 우라늄 뒤에 인공적으로 만들어진 한 무리 의 초우라늄원소가 늘어서게 되었다. 그리고 그들을 주기율표 의 어디에 살게 할 것인가 하는 문제가 일어났다. 초우라늄원 소들을 어느 족, 어느 방에다 배치하느냐는 문제였다. 오랜 논 쟁 끝에 많은 과학자들은 초우라늄원소를 모조리 한데 묶어서 하나의 족으로 하여 한 방에다 두어야 한다는 결론에 도달했 다. 이와 같은 결정은 갑자기 내려진 것이 아니었다. 같은 문제 가 전에도 제6주기에서 일어났던 것이다. 그러므로 모두 14종 의 란탈럼니드원소가 모조리 제Ⅲ족이 되어, 란탈럼의 방 하나 에 놓인 것이다.

이와 같은 광경이 아래쪽 주기에서도 일어날 것이 틀림없을 것이라고 물리학자들은 전부터 예언하고 있었다. 물리학자들은 제7주기에 란탈럼니드원소를 닮은 원소의 가족이 있을 것이라

고 말했다. 그 가족의 이름은 악
티니드원소이다. 왜냐하면 이 가
족은 악티늄 뒤에 이어져서 나타
나기 때문이다. 악티늄은 주기율
표에서는 꼭 란탈럼 밑에 위치하
고 있다.

　이런 까닭으로 초우라늄원소는
모조리 이 가족의 멤버인 것이다.
초우라늄원소뿐 아니라 우라늄도,
우라늄의 왼쪽의 가장 가까운 이
웃들―프로트악티늄과 토륨―도 그러하다. 그들은 다 정들어 살았
던 제VI족, 제V족, 제IV족의 방을 각각 버리고, 제III족으로 옮
겨가야만 했다.

　100년 전쯤에 멘델레예프가 우라늄을 제III족으로부터 퇴거시
켰는데, 지금은 다시 우라늄이 제III족에 속하게 되었다. 그러나
이번에는 새로운 '거주 허가증'을 가지고 있다. 주기율표의 생
애에는 이와 같은 희한한 사건이 있었다.

　물리학자들은 이 상태에 대해서 동의하고 있다. 화학자들 모
두가 완전히 동의하고 있는 것은 아니다. 그것은 우라늄은 그
성질로 보아서 멘델레예프의 시대에도 그러했듯이 제III족에서
는 곁다리이기 때문이다. 그리고 토륨과 프로트악티늄에 있어
서도 제III족은 걸맞지가 않다.

　우라늄이여, 네 자리는 어디인가? 과학자들은 아직도 이 문
제에 대해서 논쟁을 계속하지 않으면 안 된다.

고고학 분야에서의 사건

인간이 철을 쓰게 된 것은 언제부터일까? 대답은 다음과 같은 의문으로 이어질 것으로 생각된다. 즉 철을 광석으로부터 제련하는 방법을 알게 된 것은 언제부터일까? 역사가들은 이 큰 사건의 대체적인 연대를 정했다. 지구에 '철의 시대'가 도래한 연대를.

그런데 이 시대는 야금직공이 유치한 용광로로 kg의 단위로 달 수 있을 정도의 철을 처음으로 얻은 시기보다도 더 빨랐다. 유력한 분석법으로 무장한 화학자들은 이런 결론에 도달했다.

우리 조상이 이용한 최초의 철편은 진정한 의미로 하늘에서 주어진 것이다. 이른바 철운석(鐵隕石)에는 철 이외에 니켈과 코발트가 함유되어 있다. 훨씬 옛날의 철기의 성분을 분석한 바, 화학자들은 주기율표에서의 철의 이웃 주민—코발트와 니켈—이 포함되어 있는 것을 발견했다. 그러나 지구의 철광석에는 니켈과 코발트는 결코 존재하지 않는다.

이 결론에는 논의의 여지가 없을까? 100%로 확실하다고는 말할 수 없다……. 고대를 알기는 쉽지 않기 때문이다. 그 대신 이 분야에서는 뜻밖의 놀라움에 부딪치는 일이 있다.

……1912년에 옥스퍼드 대학의 건터(E. Gunter, 1581~1626) 교수가 나폴리 근처에서 고대 로마의 유적을 발굴하여 놀랄만큼 아름다운 유리 모자이크의 벽화를 발견했다. 2000년 전 유리의 색채는 전혀 색깔이 바래지지 않는 것처럼 보였다.

건터는 고대 로마인이 썼던 안료의 성분에 흥미를 가졌다. 녹색의 유리 표본 두 개가 나왔다. 그리하여 영국의 화학자 마크레의 손에 들어갔다.

 분석을 했으나 특히 별난 것은 아무것도 발견되지 않았다. 다만 양으로 쳐서 약 1.5%의 무언가가 섞여 있는 것 같다는 것뿐이었다. 마크레는 이 혼입물의 성질을 좀처럼 설명할 수가 없었다.

 여기에 우연이 개입했다. 누군가의 머리에 혼입물의 방사능을 조사해 본다면 하는 생각이 떠올랐다. 혼입물은 방사능을 나타내었기 때문에, 이 생각은 성공 이상의 것을 가져왔다. 어떤 원소가 방사능의 원인이 되고 있었을까? 화학자가 나설 차례가 왔다. 미지의 혼입물은 우라늄의 산화물 이외의 아무것도 아니라는 것을 알았다.

 이것은 새로운 발견이었을까? 유감스럽지만 그렇다고는 할 수 없다. 우라늄염은 상당히 전부터 유리의 착색용으로 쓰이고 있었다. 그것은 우라늄의 실제적인 이용의 최초의 예이다. 로마의 유리에 우라늄이 함유되어 있었던 것은 아마도 우연이었을 것이라고 생각되었다.

 이 이야기는 이것으로 일단락되었다. 10년이 지나 잊혔던 사실이 미국의 고고학자이자 화학자인 케리의 눈에 띄었다.

 케리는 대규모의 연구를 하여, 분석을 반복하고 데이터를 비교하고 대조했다. 그리고 고대 로마의 유리에 우라늄이 들어 있던 것은 우연이 아니라 의식적이었다는 결론에 도달했다. 로마인은 우라늄광물을 알고 있었고 그것을 실생활에 이용하고 있었다. 특히 유리의 착색에 이용하고 있었던 것이다.

 우라늄의 전기의 시초는 여기에 있는 것이 아닐까?

미완성 건물

지금까지 주기율표와 그 위대한 건축가에게 많은 찬사를 바쳐 왔으나, 이 건물은 아직 완성되지 않았다는 사실을 잊어서는 안 된다. 주기율표의 7층(제7주기)은 아직도 절반 정도 밖에는 이룩되지 않았다. 7층에는 32개의 방이 있을 터인데 현재는 18개 방밖에 완성되지 않았다. 더욱이 7층의 거주자는 어딘지 좀 달라서 정말로 거주하고 있는 것인지 어떤지를 알 수가 없다. 한마디로 말해서 이곳의 거주자들은 환상 같은 데가 있다.

화학자와 물리학자는 오래전부터 주기율표에는 논리적인 종말이 있는지 어떤지, 즉 맨 마지막 원소의 원자번호가 몇 번이 될 것인지에 대해 논의해 왔다.

40년 전쯤에 물리학의 논문과 책에는 맨 마지막 원자번호가 137이 될 것이라는 주장이 몇 번이나 발표된 적이 있었다. 어떤 유명한 물리학자는 『매직넘버 137』이라는 직설적인 제목을 붙인 작은 책을 썼을 정도이다.

왜 137이란 숫자가 특별히 나왔을까?

원자 속에서는 핵에 제일 가까운 전자껍질이 언제나 핵에서부터 같은 거리에 있는 것은 아니다. 핵의 전하가 클수록 이 전자껍질의 반지름이 작아진다. 우라늄 원자에서는 핵에 가장 가까운 전자껍질은 이를테면 칼륨 원자보다도 훨씬 핵에 접근해 있다. 즉 핵과 핵에 가장 가까운 전자껍질이 결합해 버리는 것과 같은 상황이 언젠가는 오게 될지도 모를 것으로 예상되는 것이다. 이 경우 그 전자껍질의 전자는 어떻게 될까?

그 전자는 핵으로 '빠져들어' 핵에 삼켜지고 말 것이다. 그러나 1개의 음전하가 바깥에서부터 핵 속으로 침입하면, 핵의 양전하가 전체로는 1개만큼 감소된다. 바꿔 말하면 원자번호가 하나 작은 원소가 생성된다.

이것이 원소의 수의 한계가 된다. 그리하여 큰 집의 마지막 방 번호는 137이 될 것이라고 예상한 것이다.

그 후 물리학자는 착각을 하고 있었다는 것을 깨닫고 더 정확한 계산을 했다. 그리하여 원자번호가 150쯤이 되면 전자가 핵으로 떨어져 들어간다는 것을 알았다.

보다시피 큰 집은 완성될 전망이 있다. 주기율표에는 종말이 있는 것이다. 장래에도 새로운 원소나 뜻밖의 여러 가지 발견이 화학자를 기다리고 있다. 아직도 40종류 이상의 원소가 멘델레예프에 의해 만들어진 건물로 입주할 허가증을 기다리고 있다.

그러나 유감스럽게도 이것은 단순한 이야기에 불과하다. 사람들의 마음을 자극할지는 몰라도 아직은 실현 불가능한 공상이다.

맨 마지막 원소의 원자번호를 생각할 적에, 학자들은 한 가지 중요한 사정을 고려하지 않고 있었다. 그러나 잊고 있었던 것은 아니다. '만약에 그렇다고 한다면'이라는 조건부로 생각해 보았을 따름이다.

즉, '만약에 방사성 붕괴라는 현상이 없다고 한다면' 하는 전제는 '만약에 매우 큰 전하를 갖는 핵이 지구상에 존재하는 많은 원소의 핵처럼 안정되어 있다고 한다면' 하는 말이 된다.

방사성 붕괴야말로 비스무트(Bi)보다 무거운 원소 속에서는 최고의 권력을 지닌 지배자인 것이다. 이 방사성 붕괴가 일부의 원소에게만 긴 수명을 부여하고, 다른 원소에는 아주 순간적인 수명밖에 허용하지 않는 것이다.

104번 원소인 크르차코븀의 반감기는 고작 0.3초이다.

105번 원소, 106번 원소에서는 어떻게 될까? 아마 더 짧을 것이다. 새로운 원소의 원자핵을 어찌어찌하여 만들었다고 하더라도 금방 소멸하고 말 것이리라.

주기율표라는 건물이 미완성인 채로 있는 것은 자연 그 자체, 자연의 엄밀한 물리법칙의 탓이다.

그렇지만 인간이 자연을 이겨냈던 예도 몇 가지가 있지 않은 가.

현대의 연금술

중세의 불운한 연금술사들은 스페인의 종교재판소의 규칙대로 심문을 받고 화형에 처해졌다. 그러나 현대의 '원자핵의' 연금술사들에게는 경의가 바쳐지고 노벨상이 주어진다.

지나치게 많은 것을 믿었던 사람들은 창조하는 일을 몰랐었다. 연금술사의 '이론'은 뜻을 알 수 없는 주문(呪文)과 신비로운 철학자의 돌의 불가사의한 성질에 대한 맹목적인 확신이었다.

현대의 연금술사들은 신도 악마도 믿지 않는다. 그들은 인간의 슬기의 힘과 인류의 끝없는 창의(創意)를 믿고 있다. 그들은 엄밀한 물리학의 이론을 인정하고 있다.

현대의 연금술사는 매우 무거운 원소의 영역으로 들어가려 하고 있다.

그러나 그들은 공중누각(空中樓閣)의 건설자를 닮은 것은 아닐까? 그것은 앞 절에서도 말했듯이 원자번호가 110인 원소는 방사성 붕괴 때문에 존재시간이 매우 짧기 때문이다.

확실히 그렇기는 하지만 전적으로 그렇다는 것은 아니다. 덴마크의 대물리학자 보어(N. Boer, 1885~1962)는 '미치광이의' 아이디어의 효용성에 대해 말한 적이 있다. 보어에 따르면 미치광이만이 우주에 대해서 종래의 통설을 뒤집어 놓을 수가 있다는 것이다.

초(超)중원소를 만드는 사람들도 그와 같은 아이디어를 가지고 있다. 다만 이 아이디어의 '미치광이의' 정도는 이를테면 상대성 이론의 경우만큼 크지가 않다. 그것은 충분히 궁리되고, 물리학에 의해 기초가 주어졌고 정밀한 계산으로 뒷받침되어 있다.

그 아이디어란 커다란 전하를 갖는 핵의 영역에는 독특한 '안정대(安定帶)'가 있을 것이 틀림없다는 것이다. 이것은 이 '안정대'에 있는 원소가 방사성 붕괴를 전혀 받지 않는다는 것을 뜻하는 것은 아니다. 이들 원소는 그 주위의 원소보다 수명이 길고, 단순히 합성이 가능할 뿐 아니라 그 기본적인 성질을 연구할 수 있을 만한 시간을 연장하는 것이다.

이와 같은 '안정대'의 하나가 원자번호 126의 원소이다.

현재로는 이것은 단순한 이론에 불과하다. 지금 당장 실현된다고는 할 수 없다. 126번 원소는 어떻게 만들어 내면 될까?

핵화학의 보통 방법은 무력하다. 중성자도, 중양성자도, 알파입자도 가벼운 원소—아르곤, 네온, 산소—의 이온조차도 여기서는 도움이 안 된다. 왜냐하면 표적이 될 적당한 원소가 없기 때문이다. 손에 들어오는 원소는 126이라는 원자번호에서 너무나 동떨어져 있다.

과학자들은 우라늄에 우라늄을 충돌시킨다는 독창적인 방법에 대해서 검토하고 있다. 특별한 가속기로 우라늄의 이온을 가속하여 그것을 우라늄의 표적에다 충돌시키는 것이다.

그렇게 하면 어떻게 될까? 우라늄의 두 개의 핵이 하나의 거대한 복합핵(複合核)으로 융합한다. 우라늄은 92의 전하를 가지고 있으므로 거대한 복합핵은 182의 전하를 가질 것으로 생각된다. 이와 같은 핵은 생존의 가능성이 없을 뿐더러 생존의 권리조차도 갖고 있지 못하다. 따라서 순간적으로 여러 가지 질량과 전하를 갖는 두 개의 파편으로 붕괴될 것이다. 그 파편 중 하나가 126의 전하를 갖는 핵일 확률이 매우 높다.

초중원소를 만드는 아이디어란 이상과 같은 것이다. 이 아이디어의 실현을 믿고 기다려 보기로 하자.

먼 장래에

지금부터 언급할 일이 언제 실현될지는 모른다. 그러나 언젠가는 실현될 것이다. 인류는 자연에 대해 커다란 승리, 아마 전 인류사를 통해서 최대의 승리를 거두게 될 것이다.

이는 인류가 방사성 붕괴를 제어하는 방법을 배우게 될 것이라는 것을 말한다. 불안정한 원소를 안정한 원소로 만들 수 있게 될 것이다. 또 반대로 매우 안정한 원자핵을 붕괴시킬 수도 있을 것이다.

이와 같은 가설은 공상 과학 소설에도 아직 나타나 있지 않다. 과학자들도 방사성 붕괴를 제어할 수 있을 만한 방법은 이론적으로나 현실적으로도 아직은 없다고 말하며 어깨를 움추릴 것이다.

그러나 우리는 언젠가는 이와 같은 방법이 발견되리라는 것을 믿고 있다. 설사 어떤 방법으로든지 간에 원자력발전소는 원시인에게 있어서는 도무지 생각조차 할 수 없는 것이었고, 공상 과학 소설의 작가만 하더라도 이해를 초월하는 일이었던 것이다.

방사성 붕괴의 제어가 마침내 실현되었다고 하자. 그때는 초중원소의 합성도 지극히 간단한 것이 된다. 큰 집에는 수십 명의 새로운 거주자가 저마다의 방을 차지하게 된다. 화학자들은 그 새로운 원소의 연구에 맹렬히 착수하게 될 것이다.

그런데 뜻밖의 일이 나타난다. 사실은 '뜻밖의 일'이라는 말은 옳지 않다. 왜 이 뜻밖의 일이 나타나느냐는 것은 이미 현재도 알고 있기 때문이다.

이를테면 앞 절에서 말한 126번 원소의 성질을 예언할 수가 있을까?

특별히 들추어 낼 만한 어려움도 없이 예언할 수가 있는 것이다.

일반적으로 말하면, 주기율표를 좋아하는 만큼 머릿속에서 연장할 수가 있다. 그것은 주기율표를 완성시키고 있는 물리적인 원리가 밝혀졌기 때문이다. 어떤 호기심 많은 물리학자가 1,000개의 원소를 함유하는 주기율표를 만들어 보인 적이 있다. "도대체 어떻게 해서 딱 1,000종이라고 했단 말인가?" 하는 당연한 질문에, 그 물리학자는 "거기서 마침 종이가 떨어졌기 때문이야"라고 웃으며 대답했다.

그러나 이것은 우스갯소리에 속한다. 126번 원소에 대해서는 진지하게 다음과 같이 단언할 수 있다. 이 원소는 새로운 가족, 놀라운 가족의 일원이다,라고. 그와 같은 원소를 화학자는 아직도 본 적이 없다.

이 가족은 121번의 원소에서부터 시작된다. 가족은 전부 18명이지만 그들은 우리가 잘 알고 있는 란탈럼니드원소 따위와는 비교도 안 될 만큼 서로 흡사할 것이다. 큰 집의 이 이상한 거주자들은, 같은 원소의 동위원소보다는 얼마쯤은 구별이 될 수 있을 정도로 매우 흡사할 것이다.

어째서 그러냐고 하면, 이 가족의 원소의 원자에서는 바깥쪽에서부터 네 번째의 전자껍질에 새로운 전자가 들어가고, 바깥쪽의 세 개의 전자껍질은 똑같은 구조를 하고 있기 때문이다. 이와 같은 경우에는 화학적 성질에 매우 근소한 차이밖에 나타나지 않는다.

란탈럼니드의 이야기를 했을 때 '14형제'라는 제목을 붙였다. 지금 말하고 있는 가족의 성질을 쓰려고 한다면 '18명의 같은 얼굴의 무리들' 또는 '18명이 모두 같은 얼굴을 하고 있다'라는 제목을 붙이는 것이 좋을 법하다. '형제'라는 말도 여기서는 적합하지 않을 정도이다.

그런데 이 책은 공상 과학 소설이 아니다. 지나치게 구체적인 성질을 드는 것은 삼가기로 하고 그것은 장래에 맡기기로 한다.

그러나 18명의 '같은 얼굴의 동료들'을 주기율표 속의 어디에다 두어야 할까 하는 문제가 아직도 남아 있다.

솔직하게 말해서 우리는 아직 이 문제를 명확하게 생각하고 있지 않다. 란탈럼니드와 악티니드의 장소에 대한 논쟁이 아직도 끝나지 않았다는 점에서 말한다면 그리 간단하지가 않을지도 모른다.

우리는 독자 여러분이 오래오래 살아 주기를 바라고 있다. 그러나 큰 집 속에서 18명의 동료들의 장소가 문제가 될 때에는, 이미 여러분은 이 세상에는 없을 것이다. 독자의 가까운 자손이 될지 먼 후손이 될지는 몰라도 그 자손들이 답을 찾아내지 않으면 안 될 것이다.

원소의 '목록'

어떤 별난 사람이 별에 대해 그것이 어떻게 생겼으며 왜 반짝이는가의 이야기를 들었을 때 버럭 소리를 질렀다. "모두 다 알았어. 그러나 천문학자들은 여러 가지 별이 어떤 이름을 가졌는지를 어떻게 알았었지?"

별의 목록에는 천체의 '별명'이 수십만 개나 실려 있다. 그러나 그 모든 별에 '켄타우루스자리의 알파별'이니 '오리온자리의 베텔게우스'니 '시리우스'니 하는 듣기 좋은 이름이 주어져 있다고 생각해서는 안 된다. 별을 가리키는 데 있어 천문학자들은 독특한 기호—알파벳과 숫자의 조합—를 쓰는 편이 낫다고 한다. 그것 이외에는 방법이 없는 것이다. 다른 방법으로는 결국 혼란을 일으킬 뿐이다. 그런데 기호라면 전문가는 별이 하늘의 어느 곳에 있는지, 또 어떤 스펙트럼형에 속해 있는지를 간단히 결정할 수가 있다.

화학원소의 수는 별과는 비교도 안 될 만큼 적다. 그러나 그것들의 이름에는 가슴을 두근거리게 하는 역사가 담겨 있다. 그리고 화학자가 새로운 원소를 발견했을 때 '신생아'에게 어떤 이름을 붙여 주어야 할까 고민한 적이 여러 번 있었다.

중요한 일은 무언가 원소의 성질을 나타내고 있는 공평한 이름을 생각해 내는 일이었다. 이것은 물론 사무적인 이름이다. 로맨틱한 향기는 없다. 이를테면 수소(Hydrogen, 그리스어로 '물을 만드는 것'), 산소[Oxygen, 그리스어로 '산(酸)을 만드는 것'], 인(Phosphor, 그리스어로 '빛을 가져오는 것')이라는 이름이다. 이런 이름에는 원소의 중요한 성질이 뚜렷이 표현되어 있다.

몇몇 원소에는 태양계 행성의 이름을 따서 붙였다. 셀레늄과 텔루르(그리스어의 'selena'는 달을, 'tellus'는 지구를 뜻한다). 우라늄(천왕성, Uranus), 넵트늄(해왕성, Neptune), 플루토늄(명왕성, Pleto) 등이 그러하다.

또 다른 이름은 그리스 신화에 연유해서 붙여졌다.

탄탈럼이 그러하다. 이는 제우스가 총애하는 아들의 이름 탄탈로스(Tantalos)에서 유래한다. 신들에게 죄를 범했기 때문에 탄탈로스는 벌을 받았다. 그는 물속에 목까지 잠긴 채로 서 있어야 했고, 그의 머리 위에는 달콤한 물기를 듬뿍 머금은 향기 좋은 과일이 달린 나뭇가지가 드리워져 있었다. 그런데 탄탈로스가 물을 마시려 하면 물은 그에게서 멀찌감치 물러서고, 굶주림을 채우려고 과일에 손을 뻗으면 가지가 옆으로 비껴나가는 것이었다. 원소 탄탈럼을 광석으로부터 분리하려 한 화학자들은 그들의 인내가 보상될 때까지 이에 못지않은 괴로움을 견뎌냈다.

타이타늄과 바나듐이라는 이름도 그리스의 신화에서 영향을 받고 있다.

세계 여러 나라의 이름을 따서 명명된 원소도 알려져 있다. 이를테면 저마늄(게르마니아는 라틴어로 독일을 말함), 갈륨(가리아는 프랑스의 옛 이름), 폴로늄(폴란드의 이름을 따서), 스칸듐(스칸디

나비아에서), 프랑슘(프랑스에 연유), 루테늄(루테니아는 라틴어로 러시아를 말함), 유로퓸(Eu, 유럽에서), 아메리슘(아메리카에서) 등이다. 또 도시의 이름을 따서 명명된 원소도 있다. 하프늄〔코펜하겐을 옛날에는 하프니아(Hafnia)라고 했다〕. 루테튬〔파리의 옛이름이 루테시아(Lutetia)라 불렸다〕, 버클륨(미국의 버클리의 이름을 따서), 이트륨(Y), 터븀(Tb), 에르븀(Er), 이터븀(Yb)(이들 4개의 이름은 이테르비(Yeterby)—스웨덴의 작은 마을로, 여기서 처음으로 이들 원소를 함유한 광물이 발견되었다—에서 기원) 등이다.

또 대과학자들의 이름이 원소에 붙여져서 영원히 기념되고 있다. 퀴륨, 페르뮴, 아인시타이늄, 멘델레븀, 노벨륨, 로렌슘 등이 그러하다.

까마득한 옛날에 발견된 원소의 이름에 대해서는 어째서 그렇게 불리게 되었는지 잘 모르는 것이 많다. 보다시피 원소의 '목록'에는 재미있는 것들이 많다.

2. 자기 꼬리를 먹는 뱀

화학의 진수

지구상에서 우리를 둘러싸고 있는 거의 모든 것은 화합물로 이루어져 있다. 즉 화학의 원소가 여러 가지로 결합한 것으로 되어 있다.

지구의 물질 중 극히 소수의 것만이 단체(單體)로 존재한다. 비활성 기체, 백금족원소, 여러 형태의 탄소 따위가 그러하다.

아마도 태곳적에 지구를 형성하게 된 우주물질의 응집물(凝集物)은 100종류 정도의 화학원소의 원자만으로 이루어져 있었다고 생각된다. 수천만 년, 수억 년이 지나면서 조건이 달라졌다. 원자는 서로 반응했다. 거대한 자연의 화학실험실이 작업을 시작했다. 자연이라는 화학자는 긴 진화과정에서 여러 가지 물질 —극히 간단한 물의 분자에서부터 매우 복잡한 단백질에 이르기까지—을 만드는 방법을 익혔다.

지구와 지구상 생명의 진화는 많은 점에서 화학의 혜택을 받고 있다.

각종 화합물은 화학반응이라 불리는 과정의 혜택으로 생겼기 때문이다. 화학반응이야말로 화학의 진수(眞髓)이며 화학의 중요한 알맹이다. 우리 주변에서는 1초마다 헤아릴 수 없을 만큼의 많은 화학반응이 일어나고 있다.

이를테면 '초(砂)'라는 말을 발음하기 위해선 그 사람의 뇌 속에서 많은 화학반응이 일어나야 한다. 우리는 이야기를 하거나 생각을 하거나 기뻐하거나 슬퍼하거나 하는데, 그와 같은 행동의 배후에는 수백만의 화학변화가 감추어져 있다. 화학반응은 숨겨져 있지만 우리는 나날이 엄청나게 많은 화학적 상호작용을 목격하고 있다. 다만 그 알맹이를 생각하지 않고 멍청히 그냥 보아 넘기고 있는 것이다.

짙은 홍차에 한 조각의 레몬을 넣으면 홍차의 색깔이 묽어진 다. 성냥을 켜면 나무 막대가 타기 시작한다.

이런 일은 모두가 화학반응이다.

나무를 태우는 것을 익힌 원시인은 최초의 화학자이기도 했 다. 그들은 자기의 의지로 최초의 화학반응—연소반응—을 실현 했던 것이다. 이것이야말로 인류 역사상 가장 필요하고 가장 중요한 화학반응이었다.

이 반응은 우리의 먼 조상들에게 열을 주었고, 추운 날에는 그들의 주거를 따스하게 만들어 주었다. 현대는 이 반응이 수 톤이나 되는 로켓을 하늘로 쏘아 올려 우주로의 길을 텄다. 인 간에게 불을 선사한 프로메테우스의 신화는 동시에 최초의 화 학반응의 전설이기도 하다.

물질이 서로 작용을 하면 그것을 알려 주는 것이 보통이다.

황산용액에 한 조각의 아연을 던져 넣어 보자. 아연으로부터 활발하게 거품이 일고, 얼마 후 아연조각은 없어져 버린다. 아 연이 산에 녹고 그때 수소가 발생한 것이다. 이것은 자기 눈으 로 확인할 수가 있다.

또 황 덩어리에 불을 붙여 보자. 황은 파란 불길을 일으키며 타기 시작해서 숨이 막힐 것 같은 냄새를 느끼게 한다. 황이 산소와 화합해서 이산화황이라는 화합물이 만들어진 것이다.

무수황산구리(無水黃酸銅, $CuSO_4$)의 흰 가루에 물을 부으면 금 방 파랗게 된다. 무수염이 물과 화합해서 5수염 $CuSO_4 \cdot 5H_2O$ 의 파란 결정이 만들어진 것이다. 이런 종류의 물질은 함수염 (含水塩)이라고 불린다.

여러분은 석회의 소화반응(消化反應)을 알고 있을 것이다. 생석회(산화칼슘)에 물을 가하면 소석회(수산화칼슘)를 얻는다. 물질의 색깔은 변하지 않지만, 반응이 일어났다는 것은 쉽게 알 수 있다. 어째서일까? 생석회가 소화될 적에 다량의 열이 발생하기 때문이다.

모든 화학반응에서 반드시 볼 수 있는 것은 열에너지의 발생 또는 흡수이다. 때로는 손으로 닿아 쉽게 확인할 수 있을 만큼 다량의 열이 발생하는 일도 있다. 발생하는 열이 적을 때는 특별한 측정방법이 필요하다.

번갯불과 거북

폭발은 아주 무섭다. 왜 무서운가 하면 순간적으로 일어나기 때문이다. 1초의 몇 분의 1이라는 순간적인 사건이다.

그런데 폭발이란 어떤 것을 말할까? 대량의 기체 발생을 수반하는 매우 흔한 화학반응이다. 순간적으로 진행하는 화학반응의 예다. 이를테면 약통 안의 화약의 연소가 그러하고, 다이너마이트의 폭발이 그러하다.

폭발은 일종의 독특한 극단적인 예라고 할 수 있다. 대다수의 반응은 길고 짧은 차이는 있어도 어느 정도의 시간이 소요된다.

반응의 진행이 전혀 인정되지 않을 만큼 속도가 느린 예도 많다.

……유리 용기 속에 두 종류의 기체—물의 성분인 수소와 산소—를 섞어 넣는다. 용기를 언제까지고 1달이건, 1년이건, 100년이건 그대로의 상태로 방치해 둔다. 그래도 유리의 표면에는

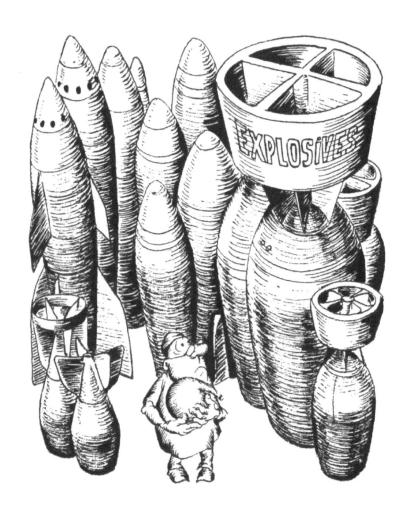

한 방울의 물도 생기지 않는다. 수소는 산소와 전혀 화합하지 않는 것 같다. 그런데 그렇지가 않다. 어김없이 화합한다. 다만 매우 천천히 화합한다. 용기 바닥에 물이 고이는 데는 수천 년이 경과하지 않으면 안 된다.

그 이유는 무엇일까? 그것은 온도이다. 실온(15~20도)이면 수소와 산소가 작용은 하지만 무척 느리다. 그런데 용기를 가열하면 금방 용기의 벽이 흐려진다. 반응이 진행되고 있다는 확실한 증거이다. 550도로 가열하면 용기는 미세한 파편이 되어 흩어져 버린다. 이와 같은 높은 온도에서 수소와 산소는 폭발을 일으켜 반응하기 때문이다.

온도가 높으면 화학반응의 속도가 왜 이렇게도 빨라질까? 마치 거북을 번갯불의 속도로 달리게 하는 것과도 같다.

수소와 산소는 H_2 및 O_2라는 분자로 되어 존재하고 있다. 화합해서 물분자가 되기 위해서는 이 두 분자가 충돌해야 한다. 충돌하는 횟수가 많으면 많을수록 물분자가 생기는 확률이 커진다. 상온·상압 아래서는 각각의 수소분자는 산소분자와 1초간에 수백억 회 이상이나 충돌하고 있다. 만약 충돌한 것이 모조리 화학적 작용을 일으킨다면 반응은 폭발보다도 더 빨리 이루어질 것이다. 백억 분의 1초 동안에.

그런데도 용기에는 아무런 변화가 인정되지 않는다. 오늘도, 내일도, 10년 후에도 그러하다. 보통 조건에서는 설사 충돌을 하더라도 화학반응이 일어나는 일은 매우 적다. 비밀은 수소분자와 산소분자가 충돌한다는 점에 있다.

반응을 하기 위해서는 분자가 원자로 분해되어야 하는 것이다. 좀 더 정확하게 말한다면 분자 내에서의 산소원자끼리, 수소원자끼리의 공유결합(共有結合)이 약해져야 한다. 수소와 산소라고 하는 서로 다른 원자끼리의 결합을 방해하지 않을 정도로 약화되어야 한다. 온도는 반응을 촉진시키는 역할을 하는 것이다. 온도는 충돌 횟수를 몇 갑절로나 높여 준다. 온도는 분자를 강하게 진동시켜 공유결합을 약화시킨다. 그리고 수소와 산소가 원자 레벨에 두어질 때 순간적으로 반응이 일어나는 것이다.

기적의 장벽

다음과 같은 광경을 상상해 보자.

수소와 산소를 혼합하면 순간적으로 수증기가 되어 버린다. 또 철판을 공기에 접촉시키면 금방 붉은 녹으로 덮여지고, 다시 시간이 지나면 딱딱하고 광택이 나던 금속이 산화물의 무른 가루로 바뀌어져 버린다.

온 세계의 화학반응은 하나도 남김없이 모조리 놀라운 속도로 진행하게 된다. 모든 분자는 어떤 에너지를 가졌느냐는 것과는 관계없이 서로 반응을 하기 시작한다. 2개의 분자가 충돌하면 반드시 화학반응이 일어난다.

이렇게 되면 지구상에는 단체 금속은 없어지고 만다. 모두가 산화해 버리기 때문이다. 복잡한 유기물—그중에는 생물세포의 조성(造成)으로 되어 있는 것도 포함된다—은 간단한, 그러나 훨씬 안정된 화합물로 바뀌어 버린다.

만약 이렇게 된다면 매우 기묘한 세상이 될 것이다. 생명이 없는 세계, 화학이 없는 세계, 화학작용을 일으키려는 어떤 희망도 가질 수 없는 매우 안정된 화합물의 환상적인 세계가 되고 말 것이다.

다행히도 우리는 이와 같은 악몽에 위협을 받고 있지는 않다. 전반적인 '화학적 파국'으로의 길에는 기적의 장벽이 솟아 있기 때문이다. 이 장벽은 '활성화 에너지'라는 이름을 가지고 있다. 화학반응을 일으키기 위해 분자가 지니지 않으면 안 될 에너지를 말하는 것이다.

보통의 온도에서도, 이를테면 수소와 산소의 분자 속에는 에너지가 활성화 에너지와 같거나 또는 그 이상의 분자가 존재해 있다. 그러므로 보통 조건에서도 매우 느리기는 하지만 물의 생성반응(生成反應)이 진행되는 것이다. 다만 충분한 에너지를 가진 분자가 너무나도 적다. 한편 고온이 되면 많은 분자가 활성화의 장벽을 뛰어넘게 되어 있고, 이를테면 수소와 산소의 화학적인 작용을 일으키는 횟수가 훨씬 늘어나게 되는 것이다.

자기 꼬리를 먹는 뱀

의학에는 의학 자체와 같을 만큼 오래된 독자적인 심벌이 있다. 술잔과 그 주위를 휘감고 있는 뱀이다.

이것과 비슷한 심벌이 화학에도 있다. 그것은 자기 꼬리를 물고 있는 뱀이다.

고대 사람들은 현대의 역사가가 그 의미를 설명하기 곤란한 모든 종류의 신비적인 심벌을 숭배하고 있었다.

일종의 신비교(神祕教)라고 하겠는데 '화학의 뱀'은 어떤 특정한 내용을 나타내고 있다. 이것은 가역반응(可逆反應)을 나타내고 있는 것이다.

수소원자 2개와 산소원자 1개가 화합하여 물의 분자가 된다. 동시에 다른 물분자가 수소원자와 산소원자로 분해된다. 어느 순간에 2개의 정반대의 반응, 즉 물의 생성(정반응)과 물의 분해(역반응)가 진행한다. 화학자는 이 두 개의 모순되는 과정을 표기하고 싶을 때 다음과 같이 적는다.

$$2H_2 + O_2 \rightleftharpoons 2H_2O$$

오른쪽 방향의 화살이 정반응을 나타내고, 왼쪽 방향의 화살이 역반응을 가리키고 있다.

원칙적으로 모든 화학반응은 가역적이다.

처음에는 정반향이 우세하지만, 차츰 역반응이 기세를 더해 간다. 그리고 마지막에 생성되는 분자의 수가 분해하는 수와 같아지는 순간이 온다. 좌에서 우로, 우에서 좌로, 반응은 같은 속도로 진행된다.

화학자의 말을 빌면, 평형에 도달한 것이다.

늦건 빠르건, 어떤 화학반응도 평형에 도달한다. 어느 경우에는 순간적으로, 어느 경우에는 많은 날을 거쳐서 평형에 이른다. 언제나 같은 것은 아니다.

화학은 두 가지 목적을 추구하고 있다. 하나는 화학반응이 최후까지 진행하는 것, 즉 출발물질이 완전히 반응하는 것이다. 또 한 가지는 필요한 생성물을 최대한으로 만드는 것이다. 이 두 가지 목적을 달성하기 위해서는 화학평형의 도래 순간을 되도록 오래 끌게 할 필요가 있다. 정반응은 좋으나 역반응은 나쁘다.

그래서 화학자는 어느 정도는 수학자이어야 한다. 화학자는 2개의 수치의 비, 즉 반응을 일으키는 물질의 농도에 대한 생성물질 농도의 비율을 산정한다.

이 비는 분수이다. 분수는 그 분자가 크면 클수록 또 분모가 작으면 작을수록 커진다.

만약 정반응이 우세하면 얻어진 물질의 양은 시간과 더불어

출발물질의 양을 넘어선다. 따라서 분자 쪽이 분모보다 커진다. 즉 가분수가 된다. 그 반대라면 진분수가 된다.

화학자는 이 분수의 값을 반응의 평형상수라고 부른다. 필요한 생성물이 최대한으로 얻어지는 화학반응을 바란다면, 화학자는 여러 온도 하에서의 평형상수의 값을 미리 계산해 두어야만 한다.

그런데 이 '산술'은 실제로는 어떻게 되어 있을까?

실온에서 암모니아를 합성할 경우, 그 평형상수는 약 1억이 된다. 이와 같은 조건이라면 질소와 수소의 혼합물은 순식간에 암모니아로 바뀔 것이 틀림없을 것이라고 생각된다. 그런데 실제로 암모니아는 생기지 않는다. 왜냐하면 반응의 속도가 매우 작기 때문이다. 그렇다면 온도를 높여 보면 어떨까?

혼합기체를 500도까지 가열해 보자…….

그런데 화학자가 우리를 억제하며 말썽을 부린다.

"무슨 수작이오. 당신들은 확실한 계산도 아직 안 하고 있지 않소?"

화학자는 우리를 잠잠히 해두고 계산을 한다. 계산은 다음과 같이 되었다. 500도일 때는 평형상수가 6000이 된다. 역반응

$$2NH_3 \rightarrow 3H_2 + N_2$$

에 '청신호'가 나와 있다. 우리가 아무리 혼합기체를 가열해도 안 된다. 아무것도 얻어지지 않는다.

암모니아의 합성에 있어서 유리한 것은 되도록 낮은 온도와 되도록 높은 압력인 것이다. 여기서 화학반응의 세계를 지배하고 있는 또 하나의 법칙이 도움을 준다.

이 법칙은 발견자인 프랑스 과학자의 이름을 따서 르 샤틀리

에(H. L. Le Chatelier, 1850~1936)의 원리라고 불린다.

한끝을 고정시킨 용수철을 상상해 보자. 용수철이 줄어들었거나, 늘어났거나 하지 않고 정지해 있을 때는 평형상태에 있다고 할 수 있다. 용수철을 눌러 붙이거나 반대로 늘어뜨리거나 하면 용수철은 평형상태가 아니게 된다. 동시에 그 탄성력이 커지기 시작한다. 힘은 용수철의 압축 또는 신장에 거역해서 작용한다. 마지막에는 두 힘이 평형에 달하는 순간이 온다. 이리하여 용수철은 다시 평형상태가 된다. 그런데 이 평형은 최초의 평형과 같은 것이 아니라 전혀 딴 것이다. 평형은 압축 또는 신장 쪽으로 옮겨간 것이다.

변형되는 용수철의 평형상태의 변화는 르 샤틀리에의 원리 작용과 흡사하다. 화학은 다음과 같이 이 법칙을 수립했다.

평형상태에 있는 계에 외부의 힘을 작용시키면, 평형은 이 외부로부터의 작용에 의해 지시되는 쪽으로 이동한다. 반작용의 힘이 외부로부터의 힘과 같아질 때까지 이동한다.

암모니아를 만드는 이야기로 되돌아가자. 암모니아가 합성될 때는

$$3H_2 + N_2 \rightleftarrows 2NH_3$$

라는 반응식에서 알 수 있듯이, 4부피의 기체(3부피의 수소와 1부피의 질소)로부터 2부피의 기체(암모니아)를 얻는다. 외부로부터의 압력을 크게 하면 부피는 감소한다. 이 반응의 경우는 압력을 증가하는 것이 유리하다. '용수철이 압축되는' 것이다. 반응은 좌에서 우로 진행하고 암모니아의 수량이 늘어난다.

암모니아가 합성될 때에는 열이 발생한다. 만약에 수소와 질소의 혼합기체가 가열되면 이 반응은 우에서 좌로 움직인다.

왜냐하면 가열되는 기체의 부피가 증가하지만, 출발물질의 부피가 생성물의 부피보다 크기 때문이다. 따라서 역반응이 정반응을 억누르고 만다. '용수철'은 늘어나는 것이다.

어느 경우에도 반응은 새로운 평형에 도달한다. 그러나 처음의 경우(압력을 크게 한 경우)에는 새로운 평형은 암모니아의 수량을 증가시키는 데 반해, 뒤의 경우(온도가 높아질 경우)에는 수량을 감소시켜 버린다.

'거북'을 '번갯불'로 바꾸다

150년 전쯤에 어떤 화학자가 수소와 산소의 혼합기체가 든 용기에 백금철사를 조심스럽게 삽입했다.

기묘한 일이 일어났다. 용기가 안개—수증기—로 가득 찬 것이다. 온도도 압력도 달라지지 않았는데도, 수천 년이 걸려야 한다고 '생각된' 수소와 산소의 반응이 불과 수초 사이에 일어나 물이 생성된 것이다.

놀라움은 이뿐이 아니었다. 두 종류의 기체를 순간적으로 화합시킨 백금철사에는 전혀 변화가 없었다. 실험 후 백금의 외관, 그 화학조성, 그 무게는 실험 전과 똑같았다.

이 화학자는 교묘한 솜씨로 관중을 현혹시키는 그런 요술쟁이는 아니었다. 그는 진지한 연구자인 독일의 화학자 데베라이너(J. W. Dobereiner, 1780~1849)였다. 그가 관찰한 현상은 현재 촉매작용(觸媒作用)이라고 불리고 있고, 느릿한 '거북'을 '번갯불'로 바꿀 수 있는 물질은 촉매라고 명명되었다. 촉매의 종류는 사실인즉, 헤아릴 수 없을 만큼 많다. 금속일 수도 있고, 여러 가지 원소의 산화물, 염, 염기일 수도 있다. 단체인 것도

혼합물인 것도 있다.

촉매를 쓰지 않으면, 설사 온도와 압력을 아무리 바꿔 보더라도 암모니아의 합성과정의 효율이 매우 낮다. 그러나 촉매를 쓰면 사정이 달라진다. 극히 흔한 금속 철에 알루미늄과 칼륨의 산화물을 혼입시킨 것이 이 반응을 두드러지게 가속시킨다.

20세기의 화학은 일찍이 없었던 번영을, 바로 이 촉매의 이용에 힘입고 있다 그뿐이 아니라 동물이나 식물의 조직 속에서 진행되는 갖가지 생명과정이 효소라고 하는 특별한 촉매의 혜택을 입고 있다. 무생물의 화학도, 생물의 화학도 놀라운 가속제(加速劑)의 영향 아래 있는 것이다.

그런데 만약 백금철사 대신 구리나 알루미늄, 철로 만든 철사를 쓴다면 어떨까? 역시 용기의 벽이 흐려질까? 유감이지만 수소와 산소는 전혀 반응할 기색을 보이지 않는다.

어떤 화학반응을 생각했을 경우, 어떤 물질이라도 다 그 반응을 촉진시킬 수 있는 것은 아니다. 촉매에는 선택성이 있다. 즉 어떤 반응에 활발한 영향을 줄 수는 있어도, 다른 반응에는 영향력이 전혀 없는 것이다. 물론 이 규칙에는 예외가 있다. 이를테면 알루미늄의 산화물은 유기화합물이나 무기화합물의 수십에 이르는 갖가지 합성반응을 촉매할 수가 있다. 또 다른 촉매가 같은 물질의 혼합물을 다른 방식으로 반응시켜서 다른 생성물을 만들어 내는 일도 있다.

그런데 조촉매(助觸媒)라는 놀라운 물질이 있다. 조촉매는 그것만을 써서는 반응에 아무 영향도 주지 않는다. 반응을 빠르게도, 느리게도 할 수가 없다. 그런데 촉매에다 가해 주면, 촉매만 일 때보다 훨씬 더 반응을 가속시킨다. 철, 알루미늄 또는 이산화규소에 '오염된' 백금철사라면, 수소와 산소의 혼합기체 속에서 가장 인상적인 효과를 주었을 것이다.

다른 촉매작용도 있다는 것을 알고 있다. 말하자면 역의 촉매작용이라고도 할 부촉매작용(負觸媒作用)인데, 이것을 하는 것이 부촉매이다. 부촉매는 억제제(抑制劑)라 일컫기도 한다. 억제제의 역할은 급속히 진행하는 화학반응의 속도를 느리게 한다.

연쇄반응

유리로 플라스크 속에서 두 종류의 기체―염소와 수소―를 혼합한다. 보통의 온도에서는 이 두 기체는 매우 느리게 반응한다. 그러나 플라스크 곁에서 마그네슘 리본에다 불을 붙여 보자. 마그네슘은 밝은 불길을 일으키며 타오른다.

그러면 플라스크 속에서 순간적으로 폭발이 일어난다(만약 이와 같은 실험을 해보려 할 때는 굵은 철사로 된 덮개로 플라스크를 에워싸지 않으면 위험하다).

왜 염소와 수소의 혼합기체가 밝은 빛의 작용으로 폭발할까?

여기서 일어난 것은 연쇄반응이다. 만약에 플라스크를 700도쯤까지 가열하면 역시 폭발이 일어날 것이다. 즉 염소와 수소는 순간적으로 화합할 것이다. 이것은 별로 놀랄 일이 아니다. 열이 분자의 활성화 에너지를 크게 했기 때문이다. 그런데 지금 말한 실험에서는 온도가 조금도 바뀌지 않았다. 빛이 이 반응을 일으킨 것이다.

광양자(光陽子) 즉 빛의 최소 입자는 큰 에너지를 가지고 있다. 분자의 활성화에 필요한 것보다도 훨씬 더 큰 에너지를 가졌다. 이 광양자의 통로에 염소의 분자가 있었던 것이다. 광양자는 염소의 분자를 원자로 분해해서 원자에 그 에너지를 주었던 것이다.

염소원자는 들떠 있다. 즉, 에너지가 풍부한 상태에 있다. 이와 같은 원자가 이번에는 수소분자를 덮쳐 수소분자를 원자로 분해한다. 이렇게 해서 생성된 수소원자의 하나가 염소원자와 화합한다. 또 하나의 수소원자는 유리된 채로 머문다. 그런데 이 원자는 들떠 있으므로 그 여분의 에너지를 나누어 주려하고 있다. 누구에게 나누어 주는가? 그렇다. 염소분자에게 주는 것이다. 들뜬 수소원자가 염소분자와 충돌하자마자 이번에는 염소의 둔중한 분자가 원자로 분해된다.

그리고 다시 활발한 염소원자가 태어나고, 그 힘을 어디에다 미칠까 하고 찾는다.

이리하여 반응의 연쇄가 생기는 것이다.

일단 반응이 시작되면, 반응에 의해서 생기는 에너지 덕분에 새로운 분자가 연달아 활성화되어 간다. 반응속도는 산사태가 일어나듯이 차츰 커진다. 사태는 골짜기에 다다라서 비로소 멎는다. 연쇄반응이 끝나는 것은 모든 분자가 반응으로 끌려 들어가 수소와 산소의 모든 분자에 반응이 골고루 미쳤을 때이다.

화학자는 많은 연쇄반응을 알고 있다. 연쇄반응이 어떻게 진행되는가를 연구한 사람 중에, 소련의 뛰어난 과학자로 노벨상

을 수상한 세묘노프가 있다. 연쇄반응은 물리학자에게도 알려
져 있다. 이를테면 중성자에 의한 우라늄의 핵분열은 물리적
연쇄반응의 대표적인 예이다.

화학이 전기와 친숙해지다

친지들로부터 많은 존경을 받고 있던 훌륭한 인물이 얼핏 보
기에 괴상한 일을 하기 시작했다.

처음에는 구리와 아연의 작은 원판을 몇 개나 만들고 있었
다. 그것이 끝나자 해면(海綿)을 둥글게 잘라, 완성된 수많은 둥
근 해면에다 식염수를 스며들게 했다. 다음에는 아이들이 피라
미드를 만들듯이 금속원판과 둥글게 자른 해면을 차례로 겹쳐
쌓기 시작했다. 이 경우 구리원판, 둥글게 자른 해면, 아연원판
의 순서는 엄격히 지켜졌다. 원판과 해면의 같은 조합이 몇 번
이나 되풀이 되고 거듭되었다.

그는 이 독창적인 장치 하단에 젖은 손가락을 대었다가 황급
히 손을 떼었다. 짜릿한 전기의 충격을 느꼈기 때문이다.

이리하여 1800년에 유명한 이탈리아의 물리학자 볼타에 의
해 볼타전지—화학적인 전류 발생원—가 발명되었다. 볼타전지의
전류는 화학반응 덕분에 생긴 것이다.

이것이 전기화학(電氣化學)이라는 새로운 학문의 탄생이었다.

장시간에 걸쳐 전류를 얻을 수 있는 장치가 과학자의 손에
들어온 것이다. 화학반응이 멈추기까지 볼타전기는 계속해서
전류를 흘려 보낸다.

여러 가지 물질에 대해 전류가 어떤 작용을 미치느냐는 것을
밝히는 일은 무척 매력적인 연구였다.

영국의 의사 카라일과 기사 니콜슨은 연구대상으로 물을 선택했다. 이 무렵까지 물은 수소와 산소로 구성되어 있다고 믿어도 될 만한 근거가 꽤 많이 있었다. 그러나 실험에서의 최종적인 확인은 없었다.

이 두 영국 학자는 17별의 볼타전지로 구성된 전지를 이용했다. 이것은 매우 강한 전류를 발생했다. 그리고 물이 두 기체—수소와 산소—로 세차게 분해되기 시작했다. 물의 전기분해가 시작된 것이다.

넘버원의 적

철과 같은 금속에 있어서 넘버원의 강적은 녹이다. 과학적으로는 금속의 부식생성물(腐蝕生成物)을 녹이라고 부른다.

철뿐이 아니라 구리나 주석, 아연도 부식한다.

부식이라는 것은 금속이 산화하는 것을 말한다. 대부분의 금속은 유리된 상태에서는 별로 내구성이 없다. 공기 속에서도 금속 제품의 번쩍이는 표면은, 시간과 더불어 산화물의 언짢은 색깔무늬로 덮인다.

산화하면 금속이나 합금은 많은 쓸모 있는 성질을 잃게 된다. 경도와 탄성이 작아지고, 열전도도와 전기전도도가 저하되는 것이다.

일단 부식과정이 시작되면 도중에서는 멈추지 않는다. 당장은 아니라도 '붉은 악마'는 금속제품을 끝까지 다 먹어치운다. 먼저 산소분자가 금속표면에 달라붙고 산화물의 분자가 만들어지기 시작한다. 이리하여 산화물의 피막이 형성된다. 이 피막은 꽤나 무른 것이어서 마치 채를 통과하듯이, 금속원자가 피막을

'통과'해서 금방 산화한다. 또 산소분자도 피막의 구멍으로부터
금속 내부로 침입하여 파괴활동을 계속한다.

  침식이 일어나기 쉬운 환경에서는 부식과정이 더 급격히 진
행한다. 염소, 플루오린, 이산화황, 황화수소 등은 금속에 있어

서는 꽤나 위험한 적이다. 금속이 이와 같은 기체의 작용으로 부식하는 현상을 화학자들은 기체부식(氣體腐蝕)이라고 부르고 있다.

여러 가지 용액들은 어떨까? 금속에는 용액도 무서운 적이다. 이를테면 바닷물이 그러하다. 해양을 달리는 거대한 선박은 때때로 큰 수리를 위해 조선소로 들어간다. 부식한 뱃바닥과 배 언저리의 철판을 갈아끼우는 것이다.

여기서 미국의 어떤 갑부가 낭패를 당한 얘기를 소개하겠다.

그는 이 세상에서 제일가는 훌륭한 요트를 가졌으면 하고 생각했다. 설계를 지시하고 '바다의 절규'라는 그럴싸한 이름을 붙였다. 돈을 아끼지 않았다. 요트의 건조자는 이 갑부의 요구를 만족시키기 위해 갖은 노력을 다했다. 나머지는 이제 선실을 장식하는 일만 남았다.

그런데 요트는 바다로 나가지 못했다. 바다는 이 요트를 맞이해 주지 않았다. 진수식 직전에 요트의 선체와 밑바닥이 부식하여 쓸모가 없다는 것을 알았기 때문이다.

어째서 이렇게 되었을까? 부식이라는 것은 전기화학적인 과정이기 때문이다.

요트의 건조자는 이른바 모넬 메탈(Monel metal)—니켈과 구리의 합금—로 배의 바닥을 둘러치려고 했다. 이 생각은 옳았다. 그것은 모넬 메탈은 값이 비싸기는 하나 그 대신 바닷물의 부식에 대한 저항력이 매우 크기 때문이다. 그러나 모넬 메탈의 역학적인 강도는 그리 크지 못하다. 그래서 배의 많은 부품은 특수강으로 불리는 다른 금속으로 만들어야 했다.

이것이 요트를 못 쓰게 만든 원인이다. 모넬 메탈과 강철이 접촉하는 부분에 강한 볼타전지가 형성되어 배의 밑바닥이 금방 파괴된 것이다.

이 갑부의 낙심은 도저히 말로는 표현할 수 없을 정도였다. 요트의 건조에 종사했던 사람들도 다음과 같은 부식법칙의 하나를 두 번 다시 잊을 수가 없었다. 즉 본체의 금속에 이 금속과 볼타전지를 만들 만한 다른 금속을 결합시키면 부식의 속도가 두드러지게 증대한다는 사실이다.

어떻게 싸우면 될까?

인도의 델리에는 벌써 몇 세기에 걸쳐서 놀라운 탑이 서 있다. 왜 놀랍냐고 하면 이 탑은 극히 순수한 철로 만들어져 있기 때문이다. 길고 긴 시간의 흐름도 이 탑에는 손을 댈 수가 없었다. 몇 세기가 지났으나 탑은 새로 만들어진 것처럼 조금도 녹이 슬지 않았다. 마치 여기서는 부식이 그 습성을 바꾸어 버린 것과 같았다.

고대 사람들이 어떤 방법으로 순수한 철을 만들어 냈는지는 수수께끼이다. 인간으로는 도저히 불가능한 일이라고 믿고 있는 사람들도 있다. 다른 우주에서 온 우주인이 지구에서의 체재를 기념하여 이 오벨리스크(방첨탑)를 세웠다는 것이다.

이 탑의 수수께끼에 싸인 기원은 접어 두고라도, 과학자에게 극히 중요한 사실이 있다. 그것은 금속이 순수하면 순수할수록 내식성(耐蝕性)이 크다는 점이다. 부식과 잘 맞서 싸우려면 되도록 순수한 금속을 쓰면 된다.

그러나 순수성만이 중요한 것은 아니다. 금속부품의 표면을 정밀하게 마무리하는 일도 중요하다. 하나하나의 '들쭉날쭉'이

불순물의 역할을 하기 때문이다. 현대의 기술에서는 표면을 거의 완전하게 매끄럽게 만들 수가 있다. 이와 같은 표면을 가진 제품은 로켓이나 우주선의 건조에도 이용되고 있다.

그렇다면 부식과의 싸움이라는 문제는 이미 해결되었다는 말인가? 아니다. 매우 순수한 금속을 대량으로 만드는 일은 몹시 복잡하고, 더욱이 비용이 많이 드는 일이다. 그래서 다시 합금에 착안했다. 합금은 폭넓은 여러 가지 성질을 가졌기 때문이다.

화학자는 부식의 메커니즘을 연구하여 바람직한 성질을 갖춘 합금을 만드는 데 힘을 쏟았다. 지금은 부식에 대해 큰 저항력을 가진 많은 합금이 만들어지고 있다.

일상생활의 도처에서 아연도금이나 주석도금을 한 제품을 보게 된다. 녹을 방지하기 위해 아연이나 주석의 막으로 철을 덮는 것이다. 얼마 동안이라면 이 같은 방법도 도움이 된다.

부식을 약화시키고 적게 한다는 것은, 어떤 방법에 의해서 부식과정의 본질인 전기화학반응의 속도를 크게 늦추어 주는 것을 뜻한다. 그러기 위해 특별한 무기물질이나 유기물질—이른바 부식방지제—이 사용된다.

처음에는 이 부식방지제를 짐작으로만 찾았으므로 발견은 거의 우연이라고 할 수 있었다.

지금은 부식방지제의 탐색은 재수 좋은 우연에 의존하는 것이 아니라 정밀과학으로 하고 있다. 다종다양한 화학적 부식방지제가 많이 알려져 있다.

부식에 의해 '병에 걸리기' 전에 금속의 '건강'을 염려해 주어야 한다. 이것이 금속들의 의사인 화학자가 할 주요한 임무이다.

번쩍이는 분류

물질의 상태는 몇 가지나 알려져 있을까? 현대의 물리학자는 일곱 가지 상태를 들고 있다. 그중의 세 가지는 매우 잘 알려져 있다. 즉 기체, 액체, 고체의 셋이다. 사실을 말하자면 일상 생활에서는 이것 이외의 상태에 부딪치는 일이란 거의 없다.

몇 세기 동안이나 화학도 이 세 가지 상태로 만족해 왔다. 겨우 최근에 와서야 물질의 제4의 상태인 플라스마(Plasma)를 다루게 되었다.

플라스마라는 것은 기체와 같은 상태를 말한다. 그러나 보통의 기체는 아니다. 그 속에는 전기적으로 중성인 입자—원자나 분자—만이 아니라, 이온과 전자도 포함되어 있다. 이온화한 입자는 보통의 기체 속에도 포함되고, 그 양은 기체의 온도가 높을수록 많다. 따라서 이온화한 기체와 플라스마 사이에는 뚜렷한 경계가 없다. 그러나 이를테면 높은 전도성(傳導性)과 같은 플라스마의 기본적인 성질이 나타나면, 그 기체는 플라스마로 되었다고 생각해도 좋을 것이다.

좀 기묘하게 생각될지 모르나 우주에서는 플라스마가 주요한 상태인 것이다. 태양이나 별의 물질, 우주공간에 있는 희박한 가스는 플라스마 상태로 있다. 이것은 자연의 플라스마이다. 지구상에서는 플라스모토론이라는 특별한 장치를 통해서 인공적으로 만들어 내지 않으면 안 된다. 플라스모토론 속에서 아크 방전을 이용하여, 여러 가지 기체(헬륨, 수소, 질소, 아르곤)를 플라스마로 바꾼다. 플라스마의 번쩍이는 분류(噴流)가 플라스모토론 노즐의 좁은 통로와 자기장에 의해 꽉 조여지기 때문에, 플라스마의 온도는 수만 도로 상승한다.

이와 같은 높은 온도는 전부터 화학자들의 꿈이었다. 그것은 화학반응에 있어서 고온의 역할이 지극히 크기 때문이다. 지금 그 꿈이 실현된 것이다. 그리고 플라스마화학 또는 '차가운' 플라스마화학이라는 새로운 분야가 탄생했다.

왜 '차가운' 플라스마라고 할까? 그것은 수백만 도로 가열된 '뜨거운' 플라스마가 있기 때문이다. 바로 이 '뜨거운' 플라스마를 써서 물리학자들은 제어가 가능한 핵융합반응을 실현하려 하고 있다.

화학자들에게 있어서는 '차가운' 플라스마이면 충분하다. 1만 도나 되는 온도 아래서 화학적인 과정은 어떻게 진행될까? 이 것은 무척 흥미로운 연구과제가 아니겠는가?

회의론자는 그런 연구를 한들 쓸데없는 헛수고라고 생각했다. 이와 같은 고온에서는 모든 물질을 기다리고 있는 것은 오직 하나의 운명뿐, 즉 복잡한 분자가 개개의 원자나 이온으로 분해·해리되어 버릴 뿐이란 것이었다.

그런데 실제로는 일이 훨씬 더 복잡하다는 것을 알았다. 플라스마는 물질을 파괴했을 뿐만 아니라 창조도 했던 것이다. 플라스마 속에서 화합물의 합성과정이 진행되자 다른 방법으로는 결코 얻을 수 없는 화합물이 생성된 것이다. Al_2O, Ba_2O_3, SO, SiO, $CaCl$과 같은 것이 그것인데, 화학의 어떤 책에도 쓰여 있지 않은 놀라운 화합물이었다. 이것들에는 희한한 이상 원자가(異常 原子價)가 나타나 있었다. 어느 것도 다 흥미진진한 화합물이기는 하지만 플라스마화학에는 기술적으로 더 중요한 과제가 있다. 잘 알려진 쓸모 있는 물질을 값싸고 신속히 만들어 낸다는 점이다.

그것에 관해서 잠깐 말하기로 한다.

유기합성의 대부분의 프로세스에 있어서, 이를테면 플라스틱, 합성고무, 염료, 의약 등을 만드는 데에 아세틸렌은 매우 큰 역할을 하고 있다. 그러나 아세틸렌은 옛날 그대로의 방법으로 만들어지고 있다. 즉 탄화칼슘(카바이드)에 물을 작용시켜 얻고 있다. 이것은 비용도 많이 들고, 편리한 방법도 아니다.

그런데 플라스모토론을 쓰면 이야기가 달라진다. 수소를 이용해서 5,000도의 플라스마를 만든다. 큰 에너지를 가진 수소의 플라스마 분류를 특별한 반응로에 넣어 보내고 거기에 메탄을 주입한다. 메탄은 수소와 세차게 혼합하여 메탄의 75% 이상이 순식간에 아세틸렌으로 바뀐다.

이상적인 방법이라고 생각할 것이다. 그런데 좋은 일에는 언제든지 무언가 훼방이 끼어들기 마련이다. 매우 짧은 시간이라도 아세틸렌은 고온대에 머물러 있으면 금방 분해되기 시작하는 것이다. 따라서 온도를 급속히 내려 주지 않으면 안 된다. 이것은 여러 가지 방법으로 가능하기는 하지만, 기술적으로는 큰 곤란이 있다. 현재로는 얻은 아세틸렌의 20%밖에는 분해로부터 구제할 길이 없다. 그러나 이것으로도 나쁘지는 않다.

실험실에서는 값싼 액체 탄화수소를 플라스마화학적으로 분해해서 아세틸렌, 에틸렌, 프로필렌 등을 만드는 방법이 개발되어 있다.

공중질소(空中窒素)의 고정(固定)이라고 하는 중요한 문제도 해결되기를 기다리고 있다. 그것은 질소함유 화합물, 이를테면 암모니아를 화학적으로 만드는 데는 복잡하고 수고가 많이 드는 방법을 따라야 하기 때문이다. 훨씬 전에 질소산화물의 전기적

합성을 공업적 규모로 실현하는 일이 시도되었으나, 이 방법의 경제적 효율이 매우 낮다는 것을 알았다. 플라스마화학이라면 이 경우 매우 전망이 밝을 것 같다.

화학자의 역할을 하는 태양

언젠가, 증기기관차의 발명자인 스티븐슨이 친구인 지질학자 베크란드와 함께 영국에서 최초로 부설된 철도 근처를 산책하고 있었다. 얼마 후 기차가 들어왔다.

스티븐슨이 질문했다.

"베크란드, 무엇이 이 기차를 움직이고 있는지 아는가?"

"자네의 그 훌륭한 기관차를 운전하고 있는 기관사의 손이겠지."

"아니야."

"바퀴를 움직이고 있는 증기인가?"

"아니야."

"가마 밑에서 타고 있는 불인가?"

"역시 틀렸어. 잘 들어보게. 기관사가 화덕 속에 던져 넣고 있는, 석탄으로 바뀐 식물이 살아있던 시대에 빛나고 있었던 태양이 이걸 움직이고 있는 거야."

모든 생물, 특히 식물은 그 기원을 태양에 힘입고 있다. 식물을 캄캄한 어둠 속에서 키워보자. 발랄하고 싱싱한 푸른 색깔의 줄기 대신, 파리하고 실처럼 가냘픈 것을 얻게 된다. 일광의 작용 아래서 엽록소(푸른 잎의 색소)가 공기 속의 이산화탄소를 유기물인 복잡한 분자로 바꾸고, 그것들의 분자가 식물의 대부분을 형성하고 있기 때문이다.

즉 태양, 더 정확하게 말해서 그 빛이 식물 속에서 모든 유기물을 합성하고 있는 주임 '화학자'가 아니겠는가. 확실히 그렇게 생각된다. 식물에 의한 이산화탄소의 동화과정이 광합성(光合成)이라고 불리는 것도 이유가 있어서 나온 말이다.

실제로 잘 알려져 있듯이, 빛의 작용으로 많은 화학반응이 일어난다. 이와 같은 반응을 연구하는 화학의 특별한 부문도 존재하며, 그것을 광화학(光化學)이라고 부른다.

그러나 광화학반응의 연구는 현재로는 아직 실험실에서 단백질이나 탄수화물을 만들어 내기에는 이르지 못하고 있다. 그런데 이와 같은 화합물이야말로 바로 식물의 광합성의 기본적인 산물이다.

매우 복잡한 유기물인 분자를 합성하는 데에, 식물은 첫 단계에서는 이산화탄소와 물과 일광만을 이용하고 있다. 아마 그 밖의 다른 무엇인가가 또 이 과정에서 중요한 역할을 하고 있는 것이 아닐까?

다음과 같은 공장을 상상해 보자. 파이프를 통해서 공장으로 소다(탄산나트륨), 석유, 칼리초석(질산칼륨), 그 밖의 것을 공급하면 흰 빵, 소시지, 설탕이 출구에서 나온다. 이것은 물론 공상이지만 식물의 내부에서는 이와 비슷한 일이 일어나고 있다.

식물도 독자적인 촉매를 가지고 있다는 것을 알고 있다. 그것은 효소라고 불린다. 각각의 효소는 일정한 방향으로만 반응을 진행시킨다. 즉 광합성을 할 때 한 사람의 '화학자'—태양—만이 아니라 그 동료—효소(촉매)—도 활동하고 있는 것이다. 태양은 반응에 필요한 에너지를 공급하고, 효소는 이 반응을 필요한 방향으로 돌려주는 것이다.

우리는 아직 자연, 특히 식물로부터 많은 물질의 제조에 관한 '특허'를 얻어내지 못하고 있지만, 식물을 우리가 필요한 방향으로 일하게 하는 것은 지금도 가능하다. 특히 여기서 학자들을 도와준 것이 광합성 반응의 연구이다. 최근에 알게 된 일이지만, 다른 파장의 빛을 식물에 쪼이면 광합성과정에서 다른 화학적 성질을 갖는 물질이 만들어진다. 이를테면 빨강과 노랑색깔의 빛을 식물에 비추면, 광합성의 결과로 얻는 주된 화합물은 탄수화물로 되고, 만약 식물에 파란 빛을 쪼이면 단백질이 만들어진다고 한다.

장래에는 식물의 도움을 빌어, 복잡한 유기화합물을 대규모로 생산하는 것이 가능해질지 모른다. 그렇게 되면 공장을 세우고, 대규모의 장치를 준비하여 복잡하기 그지없는 합성기술을 개발하는 대신, 온실을 만들어 빛의 세기와 스펙트럼의 조성을 조절하기만 하면 될 것이다. 식물이 스스로 필요한 것을 모조리 만들어 내는 셈이다. 매우 간단한 탄수화물로부터 아주 복잡한 단백질에 이르기까지 그 모든 것을.

두 종류의 화학적 관계

태곳적의 학자조차도 원자의 존재를 의심하지 않았다. 이들 원자는 물질 속에서 어떻게 서로 결합하고 있는 것일까? 그러나 이 점에 관한 철학적 사고는 오랫동안 깊은 침묵을 지키거나, 공상의 바다를 떠돌아다니는 채로 방치되어 있었다.

이를테면 17세기의 유명한 프랑스의 철학자 데카르트는 원자 간의 결합을 다음과 같이 생각했다. 일부의 원자에는 열쇠와 같은 돌출부가 붙어 있고, 다른 원자에는 열쇠 구멍과 같은 것이 뚫려 있다. 열쇠가 열쇠 구멍에 꽂아져서 두 개의 원자가 결합한다는 것이었다.

원자의 구조가 분명히 알려지기까지는 원자끼리의 결합, 즉 화학결합에 대한 생각은 어느 것도 근거가 없었다. 과학자가 진리를 탐구하는 것을 도와준 것은 전자(電子)였다. 그러나 단번에 도와준 것은 아니었다. 전자가 발견된 것은 1895년이었는데, 그것에 바탕하여 화학결합이 설명된 것은 그로부터 20년쯤 지나서의 일이다. 특히 전자가 원자핵 주위에 어떻게 배치되어 있는지가 구명되고서부터의 일이다.

원자의 모든 전자가 화학결합에 참가하는 것은 아니다. 맨 바깥쪽의 전자껍질에 배치되어 있는 것, 또는 극단적인 경우라도 맨 바깥쪽 전자껍질과 그보다 하나 안쪽의 전자껍질에 배치되어 있는 것만이 화학결합에 참가한다.

두 개의 원자—나트륨과 플루오린원자—가 만났다고 하자. 나트륨원자의 맨 바깥쪽에는 1개의 전자가 돌고 있고, 플루오린원자의 경우에는 7개의 전자가 있다. 이것들이 만나게 되면 순식간에 플루오린화나트륨의 매우 튼튼한 분자가 생성된다. 어떻게 해서일까? 전자의 재분배에 의한 것이다.

나트륨원자는 바깥쪽의 전자와 간단하게 헤어진다. 이때 나트륨원자는 양전하를 가진 이온으로 되고, 하나 안쪽의 전자껍질이 드러난다. 이 전자껍질에는 8개의 전자가 들어가 있는데 이 전자껍질로부터 전자를 분리하는 것은 쉬운 일이 아니다.

양이온은 음이온에 끌어당겨진다. 전기력에 의해 반대의 전하를 갖는 나트륨이온과 플루오린이온이 단단히 결합된다. 나트륨과 플루오린 사이에 화학결합이 생긴 것이다. 이 결합은 이온결합이라고 불린다. 이것은 화학결합의 주된 형식의 하나이다.

다음은 제2의 형식의 화학결합이다.

이를테면 플루오린분자 F_2와 같은 결합은 왜 있는 것일까? 플루오린원자는 바깥쪽 전자껍질로부터 전자를 내던질 수가 없기 때문에, 이 경우 다른 종류의 전하를 갖는 이온이 얻어지지 않는다.

플루오린원자끼리의 화학결합은 한 쌍의 전자의 도움을 빌어서 이루어진다. 두 개의 각각 1개씩의 전자를 제공해서 그것을 공동으로 이용하는 것이다. 이렇게 하면 한쪽 원자의 외각에 8개의 전자가 들어간 것처럼 되고, 동시에 또 한쪽 원자의 외각에도 역시 8개의 전자가 들어간 것처럼 된다. 이와 같은 결합을 공유결합이라고 부른다. 대부분의 화합물은 제1 또는 제2의 형식의 화학결합에 의해 만들어지고 있다.

화학과 방사선

화학자들은 현재는 아직 녹색 잎을 발명하지 못하고 있다. 그러나 빛은 이미 광화학반응을 하게 하기 위해 실제로 이용되고 있다. 참고삼아 말하면 사진의 프로세스는 광화학의 활동을 보여 주는 예이다. 빛이야말로 주요한 사진가라고 말할 수 있다.

화학자들의 관심이 태양광선에만 한정되어 있는 것은 아니다. X선이나 방사선이라는 것도 있다. X선이나 방사선은 거대한 에너지를 가지고 있다. 이를테면 X선은 태양광선의 수천 배, 감마선은 수백만 배나 '강한' 것이다.

어째서 화학자가 이런 것들에 무관심할 수 있겠는가.

백과사전이나 교과서, 전문서적이나 학술논문 또는 계몽가들이나 르포르타주에도 '방사선화학(放射線化學)'이라는 말이 나온다. 화학반응에 대한 방사선의 작용을 연구하는 학문이 이렇게 불리고 있다.

이 방사선화학은 아직 젊기는 하나 자랑할 만한 것을 가지고 있다.

이를테면 석유화학자는 석유의 크래킹(Cracking, 분해증류법)을 활발히 하고 있다. 이때 석유에 포함되어 있는 복잡한 유기화합물이 분해되어 간단한 화합물, 특히 가솔린의 성분인 탄화수소가 생성된다.

크래킹은 매우 복잡한 작업이다. 고온에서 촉매를 존재시켜서 한다. 더욱이 상당한 시간이 걸린다. 이것은 낡은 방법이다. 새로운 방법에서는 열도 촉매도 필요가 없고, 작업시간도 많이 걸리지 않는다.

이 새로운 방법이란 감마선을 이용하는 것이다. 감마선이 방사선 크래킹을 해준다. 복잡한 유기화합물을 파괴하는 것이다. 방사선이 파괴자로서 행동한다.

그러나 언제나 파괴자인 것만은 아니다.

전자의 흐름(베타선)을 가벼운 기체탄화수소─메탄, 에탄 또는 프로판─에 충돌시키면, 분자의 복잡화가 일어나 무거운 액체탄화수소가 발생한다. 방사선 파괴 대신 방사선 합성이 이루어지는 것이다.

이와 같이 분자를 '결합하는' 방사선의 능력은 중합반응(重合反應)에 이용되고 있다.

폴리에틸렌은 누구나 잘 알고 있다. 그러나 그 제조가 복잡

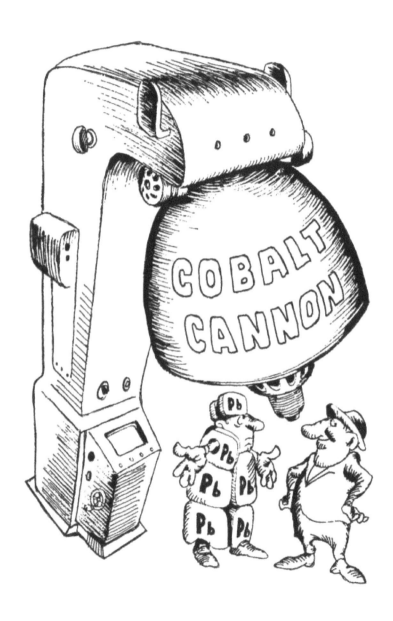

한 공정이라는 것은 그리 알려져 있지 않다. 폴리에틸렌을 만드는 데는 큰 압력과 특수한 촉매, 특별한 장치가 필요하다. 그런데 중합반응이면 이런 것들은 아무것도 필요하지 않다. 방사선 폴리에틸렌의 제조 코스트가 훨씬 싸게 먹힌다.

이상은 방사선화학의 두세 가지 성과에 불과하다. 성과는 날로 더해지고 있다.

그러나 방사선은 인간에게 있어서는 친구인 것만은 아니다. 적이기도 하다. 더욱이 간사하고 사정없는 적으로서 방사능증(放射能症)을 일으킨다.

이 중대한 질병과 투쟁하기 위한 일반적인 처방은 현재로서는 아직 없다. 방사선에 닿지 않게 하는 것이 가장 좋다.

그러기 위해서는 어떻게 할 것인가? 납으로 만든 블록이나 수십 미터 두께의 콘크리트나, 금속이나, 돌의 두꺼운 층은 방사선을 흡수한다. 이것들을 쓰면 된다. 그러나 매우 값이 비싸고 부피가 큰 데다 불편하기 그지없다. 납으로 된 방호복을 입은 사람의 심정을 상상해 보라……

더 손쉽게 방사선을 방어하는 방법이 없을까? 현재로서는 화학자도 물리학자도 어떻게 할 방법이 없다.

길고 긴 반응

화학자는 실험실에서 매우 복잡한 유기화합물을 매우 많이 만들어 냈다. 그것들은 너무도 복잡해서 구조식(構造式)을 쓰는 일만 해도 큰일인데다 상당한 시간이 걸린다.

화학자가 자랑할 수 있는 성과 중 가장 큰 것은 단백질의 분자를 합성한 일일 것이다. 그것도 매우 중요한 단백질이다.

이제부터 말하려는 것은 인슐린의 화학합성에 관한 것이다. 인슐린이라는 것은 생체 속에서 탄수화물의 대사를 조절하고 있는 호르몬이다.

인슐린분자는 매우 큰 것이지만, 그것을 구성하고 있는 원소의 종류는 매우 한정되어 있다. 그러나 그들 원소는 매우 복잡한 조합으로 배치되어 있다.

여기서는 설명을 간단히 하기 위해 자질구레한 일은 생략하기로 한다. 인슐린분자는 A사슬과 B사슬의 두 개의 사슬로 이루어져 있다. 그리고 이 두 개의 사슬이 다이설파이드결합이라는 결합방식으로 결합해 있다. 두 개의 황원자로 구성된 다리가 양쪽 사슬 사이에 걸쳐져 있다고 생각하면 된다.

인슐린을 합성하기 위한 작전계획은 다음과 같은 것이었다. 먼저 A사슬과 B사슬을 각각 따로 합성하고, 그런 뒤에 다이설파이드결합의 다리를 걸쳐 두 개의 사슬을 결합하는 것이다.

잠깐 숫자를 들어보겠다. A사슬을 만들기 위해 화학자는 약 100번에 이르는 연속반응을 성취시켜야 했다. B사슬을 만들기 위해서는 그 이상의 반응이 필요했다. 장기간에 걸쳐 면밀한 작업이 계속되었다.

이리하여 두 개의 사슬이 만들어졌다. 이것들을 결합하면 된다. 그런데 그것은 어려운 문제였다. 연구자들은 몇 번의 실패로 희망을 잃을 뻔했다. 그러나 어느 날 밤, 마침내 실험일지에 이렇게 기록되었다. "인슐린분자가 완전히 합성되었다."

인슐린을 인공적으로 만드는 데는 223단계에 이르는 연속적인 화합반응(化合反應)이 필요했다. 열 사람의 연구자가 약 3년 동안을 쉬지 않고 활동했다. 생화학자에 따르면 살아 있는 세포는 단 2초나 3초에 인슐린을 합성한다고 한다. 3년과 3초. 살아 있는 세포의 합성장치는 이렇게도 정교하게 만들어져 있다.

◈ 원소의 장주기형 주기율 ◈

주기\족	1	2	3	4	5	6	7	8
1	1.008 $_1H$ 수소							
2	6.94 $_3Li$ 리튬	9.0122 $_4Be$ 베릴륨	원자 번호 원소명		12.011 $_1Mg$ 마그네슘	원자량 원소 기호		
3	22.9898 $_{11}Na$ 나트륨	24.3050 $_{12}Mg$ 마그네슘						
4	39.0983 $_{19}K$ 칼륨	40.078 $_{20}Ca$ 칼슘	44.9559 $_{21}Sc$ 스칸듐	47.867 $_{22}Ti$ 타이타늄	50.9415 $_{23}V$ 바나듐	51.9961 $_{24}Cr$ 크로뮴	54.9380 $_{25}Mn$ 망가니즈	55.845 $_{26}Fe$ 철
5	85.4678 $_{37}Rb$ 루비듐	87.62 $_{38}Sr$ 스트론튬	88.9059 $_{39}Y$ 이트륨	91.224 $_{40}Zr$ 지르코늄	92.9046 $_{41}Nb$ 나이오븀	95.94 $_{42}Mo$ 몰리브데넘	(98) $_{43}Tc$ 테크네튬	101.07 $_{44}Ru$ 루테늄
6	132.9055 $_{55}Cs$ 세슘	137.327 $_{56}Ba$ 바륨	란타넘족 원소* 57-71	178.49 $_{72}Hf$ 하프늄	180.9479 $_{73}Ta$ 탄탈럼	183.84 $_{74}W$ 텅스텐	186.207 $_{75}Re$ 레늄	190.2 $_{76}Os$ 오스뮴
7	(223) $_{87}Fr$ 프랑슘	(226) $_{88}Ra$ 라듐	악티늄족 원소** 89-103	(265) $_{104}Rf$ 러더포듐	(268) $_{105}Db$ 더브늄	(271) $_{106}Sg$ 시보귬	(270) $_{107}Bh$ 보륨	(277) $_{108}Hs$ 하슘

6	란타넘족 원소*		138.9055 $_{57}La$ 란타넘	140.116 $_{58}Ce$ 세륨	140.9077 $_{59}Pr$ 프라세오디뮴	144.242 $_{60}Nd$ 네오디뮴	(145) $_{61}Pm$ 프로메튬
7	악티늄족 원소**		(227) $_{89}Ac$ 악티늄	(232.038) $_{90}Th$ 토륨	(231.0359) $_{91}Pa$ 프로트악티늄	238.029 $_{92}U$ 우라늄	(237) $_{93}Np$ 넵투늄

※ ( ) 속의 숫자는 동위원소 중에서 반감기가 가장 긴 원소의 원자량을 나타낸다

9	10	11	12	13	14	15	16	17	18

금속원소
비금속원소
전이원소

9	10	11	12	13	14	15	16	17	18
									4.0026 $_2$He 헬륨
				10.81 $_5$B 붕소	12.011 $_6$C 탄소	14.007 $_7$N 질소	15.999 $_8$O 산소	18.9984 $_9$F 플루오린	20.179 $_{10}$Ne 네온
				26.9815 $_{13}$Al 알루미늄	28.085 $_{14}$Si 규소	30.9738 $_{15}$P 인	32.06 $_{16}$S 황	35.45 $_{17}$Cl 염소	39.948 $_{18}$Ar 아르곤
58.9332 $_{27}$Co 코발트	58.6934 $_{28}$Ni 니켈	63.546 $_{29}$Cu 구리	65.38 $_{30}$Zn 아연	69.723 $_{31}$Ga 갈륨	72.63 $_{32}$Ge 저마늄	74.9216 $_{33}$As 비소	78.96 $_{34}$Se 셀레늄	79.904 $_{35}$Br 브로민	83.798 $_{36}$Kr 크립톤
102.906 $_{45}$Rh 로듐	106.42 $_{46}$Pd 팔라듐	107.868 $_{47}$Ag 은	112.41 $_{48}$Cd 카드뮴	114.818 $_{49}$In 인듐	118.710 $_{50}$Sn 주석	121.769 $_{51}$Sb 안티모니	127.60 $_{52}$Te 텔루륨	126.905 $_{53}$I 아이오딘	131.29 $_{54}$Xe 제논
192.22 $_{77}$Ir 이리듐	195.084 $_{78}$Pt 백금	196.966 $_{79}$Au 금	200.59 $_{80}$Hg 수은	201.38 $_{81}$Tl 탈륨	207.2 $_{82}$Pb 납	208.980 $_{83}$Bi 비스무트	(209) $_{84}$Po 폴로늄	(210) $_{85}$At 아스타틴	(222) $_{86}$Rn 라돈
(276) $_{109}$Mt 마이트너륨	(281) $_{110}$Ds 다름슈타튬	(280) $_{111}$Rg 뢴트게늄	(285) $_{112}$Cn 코페르니슘	(284) $_{113}$Nh 니호늄	(289) $_{114}$Fl 플레로븀	(288) $_{115}$Mc 모스코븀	(293) $_{116}$Lv 리버모륨	(294) $_{117}$Ts 테네신	(294) $_{118}$Og 오가네손

150.36 $_{62}$Sm 사마륨	152.964 $_{63}$Eu 유로퓸	157.25 $_{64}$Gd 가돌리늄	158.925 $_{65}$Tb 터븀	162.500 $_{66}$Dy 디스프로슘	164.930 $_{67}$Ho 홀뮴	167.26 $_{68}$Er 어븀	168.934 $_{69}$Tm 툴륨	173.04 $_{70}$Yb 이터븀	174.967 $_{71}$Lu 루테튬
(244) $_{94}$Pu 플루토늄	(243) $_{95}$Am 아메리슘	(247) $_{96}$Cm 퀴륨	(247) $_{97}$Bk 버클륨	(251) $_{98}$Cf 캘리포늄	(252) $_{99}$Es 아인슈타이늄	(257) $_{100}$Fm 페르뮴	(258) $_{101}$Md 멘델레븀	(259) $_{102}$No 노벨륨	(262) $_{103}$Lr 로렌슘

*회색은 원소 이름이 수정된 경우(110~112는 원소 기호 수정)

역자 후기

원소의 주기율표는 화학이 다양한 물질을 정리하면서 근대과학으로 발전하는 과정에 가장 중요한 기반이었고 지금도 그러하다. 그러나 주기율표는 그렇게 규칙적으로 만들어져 있는 것이 아니므로 얼핏 보아서는 주기율표의 의미와 그 내용을 잘 알 수가 없다.

이 책에서는 주기율표를 하나의 건물에다 비유하고, 각 원소를 그 거주자로 생각하여 이야기를 진행시키고 있다. 이 건물은 매우 독특하고 거주자들의 행동도 한결같지가 않다.

왜 금속원소는 많고, 비금속원소는 적은가? 비활성 기체처럼 화합물을 만들지 않으려는 원소가 있는가 하면, 플루오린처럼 '무엇에든지 달라붙는' 활성 원소가 있는 것은 어떠한 까닭인가? 각각의 원소와 화합물의 이상한 행동, 깜짝 놀랄만한 성질을 조사해 나가는 동안에 어느 틈엔가 주기율표라는 건물의 구조를 알게 될 것이다.

후반에는 촉매의 작용과 화학반응의 평형이야기, 연쇄반응과 화학결합의 이야기 등 중요하고 흥미로운 이야기가 소개되고 있다.

화학책이라면 그저 딱딱하기만 하고 무미건조한 것들이 많다. 그러나 이 책에는 재미있는 화제가 수두룩해서 지루하지가 않다. 그러면서도 화학의 기본을 잘 이해할 수 있게 서술되어 있다.

편집부

재미있는 화학

초판 1쇄   1996년 01월 30일
개정 1쇄   2020년 10월 20일

지은이   브라소프 트리포노프
옮긴이   편집부
펴낸이   손영일
펴낸곳   전파과학사
주소   서울시 서대문구 증가로 18, 204호
등록   1956. 7. 23. 등록 제10-89호
전화   (02) 333-8877(8855)
FAX   (02) 334-8092
홈페이지   www.s-wave.co.kr
E-mail   chonpa2@hanmail.net
공식블로그   http://blog.naver.com/siencia

ISBN 978-89-7044-943-2 (03430)